福建省高职高专土建大类十三五规划教材

工程建筑材料实训指导

（第二版）

主　编 ◎ 陈艳琼

副主编 ◎ 林婵华　李冬梅

编写者 ◎ 陈艳琼　林婵华

李冬梅　张净霞

主　审 ◎ 叶来崇

厦门大学出版社
XIAMEN UNIVERSITY PRESS

国家一级出版社
全国百佳图书出版单位

图书在版编目(CIP)数据

工程建筑材料实训指导/陈艳琼主编.—2版.—厦门:厦门大学出版社,2022.6
(福建省高职高专土建大类十三五规划教材)
ISBN 978-7-5615-8602-0

Ⅰ.①工… Ⅱ.①陈… Ⅲ.①建筑材料—高等职业教育—教材 Ⅳ.①TU5

中国版本图书馆 CIP 数据核字(2022)第 081431 号

出版人	郑文礼
总策划	宋文艳
责任编辑	眭 蔚
美术编辑	李嘉彬
技术编辑	许克华

出版发行 厦门大学出版社

社　　址 厦门市软件园二期望海路 39 号
邮政编码 361008
总　　机 0592-2181111　0592-2181406(传真)
营销中心 0592-2184458　0592-2181365
网　　址 http://www.xmupress.com
邮　　箱 xmup@xmupress.com
印　　刷 厦门集大印刷有限公司

开本 787 mm×1 092 mm　1/16
印张 11.75
字数 286 千字
版次 2019 年 8 月第 1 版　2022 年 6 月第 2 版
印次 2022 年 6 月第 1 次印刷
定价 39.00 元

本书如有印装质量问题请直接寄承印厂调换

厦门大学出版社　　厦门大学出版社
微信二维码　　　　微博二维码

福建省高等职业教育土建大类十三五规划教材

编审委员会

第二版前言

本书是按照高等职业教育培养一线需要的高素质技术技能人才的总目标,根据工作需要,本着培养、提高学生实践动手能力的原则,结合多年的教学实训经验及工程实际情况编写而成的。

本书的特点:

1. 以学生为主体

本书构建学生为"主体"的教学模式,让学生在完成试验项目的过程中来构建建筑材料试验所需相关的技能知识、理论知识与操作知识,体现"做中学,学中做",实现理论与实践一体化及教、学、做一体化。本书是高职高专院校道路与桥梁工程技术、建设工程监理、建设工程管理、工程检测、公路养护与管理等专业"建筑材料"课程的配套教材。

2. 突出实用性、先进性

本书结合工程实际,设计了"集料进场检测""水泥集料进场检测""水泥混凝土试验""沥青集料进场检测""沥青混合料性能检测""钢材原材检测"六个模块,每个模块均设计任务书,让学生明白学什么,有什么用途,每个模块又分若干个实训项目,每个实训项目附有记录表格。本书配置了22个数字资源,包括动画、视频等,以辅助学生学习掌握。

3. 体现时效性

根据国标、行业规程的变化及时进行修改,主要根据《公路工程水泥及水泥混凝土试验规程》(JTG 3420—2020)对水泥、水泥混凝土相应部分进行了修改,并根据工程的实际对实训报告进行了修改。

本书由福建船政交通职业学院陈艳琼主编并统稿,参加编定的人员有福建船政交通职业学院林婵华、李冬梅、张净霞。其中,陈艳琼编写"模块一 集料进场检测"及实训报告,张净霞编写"模块二 水泥进场检测",林婵华编写"模块三 水泥混凝土试验""模块六 钢材原材检测",李冬梅编写"模块四 沥青进场检测""模块五 沥青混合料性能检测"。本书视频资源由福建省交通建设工程试验检测有限公司协助拍摄。本书由叶来崇主审。

福建路桥建设有限公司张李斌对本书的编写提出了宝贵意见,在此表示衷心感谢。

由于编者有水平有限,书中定有不少值得改进、深化之处,敬请读者批评指正。

编 者

2022 年 4 月

目　录

模块一　集料进场检测

学习目标

◇能进行粗、细集料取样；

◇能进行粗细集料的筛分试验；

◇能测定粗集料含水率；

◇能测定粗细集料的密度及吸水率；

◇能测定粗集料压碎值及磨耗率；

◇能测定粗集料针片状颗粒含量；

◇能测定粗集料软弱颗粒含量；

◇能测定粗细集料堆积密度；

◇能测定细集料砂当量；

◇能进行矿粉筛分试验。

任务书

表 1-1　集料进场检测任务书

任务	集料进场检测	
教学场景	集料试验室	
任务	某工地新进一批粗细集料,用于拌制稳定土、水泥混凝土、沥青混合料,现需取样对该批粗细集料进行各项技术指标检测,以判定其是否满足技术标准	
实训项目	实训一	粗集料取样法
	实训二	粗集料及集料混合料的筛分试验
	实训三	粗集料密度及吸水率试验(网篮法)
	实训四	粗集料含水率试验
	实训五	粗集料堆积密度及空隙率试验
	实训六	水泥混凝土用粗集料针片状颗粒含量试验(规准仪法)
	实训七	粗集料针片状颗粒含量试验(游标卡尺法)
	实训八	粗集料压碎值试验
	实训九	粗集料磨耗试验(洛杉矶法)
	实训十	粗集料软弱颗粒试验
	实训十一	细集料筛分试验
	实训十二	细集料表观密度试验(容量瓶法)

续表

实训项目	实训十三	细集料密度及吸水率试验
	实训十四	细集料堆积密度及紧装密度试验
	实训十五	细集料砂当量试验
	实训十六	矿粉筛分试验(水洗法)
	实训十七	矿粉密度试验
能力目标		1. 能正确取样; 2. 能用标准筛、摇筛机进行粗细集料筛分试验; 3. 能用网篮法测定粗集料的表观密度、毛体积密度、表干密度及吸水率; 4. 能测定粗集料的含水率; 5. 能使用容量筒测定粗集料的堆积密度; 6. 能使用压力机测定粗集料的压碎值; 7. 能使用洛杉矶磨耗试验机测定粗集料磨耗率大小; 8. 能使用游标卡尺和规准仪测定粗集料的针片状颗粒含量; 9. 能使用压力机测定粗集料的软弱颗粒含量; 10. 能用标准筛、摇筛机进行细集料级配分析并确定细集料的粗细程度; 11. 能用容量瓶法测定细集料的表观密度; 12. 能用坍落筒法测定细集料的表观密度、毛体积密度、表干密度及吸水率; 13. 能使用容量筒测定细集料的堆积密度; 14. 能用细集料当量测定仪测定细集料砂当量; 15. 能进行矿粉筛分试验; 16. 能用李氏密度瓶测定矿粉密度。
实训要求		1. 6人左右为一小组,确定组长; 2. 课前熟悉试验步骤、相关试验规程; 3. 在试验室完成试验仪器与材料准备工作,按试验步骤要求完成试验,并按要求填写记录试验数据,进行数据分析,完成试验报告。
标准规程		《公路工程集料试验规程》(JTG E42—2005)
提交成果		要求填写原始记录表,并填写试验报告(实训报告18～21)

表 1-2　集料检测项目及频率

材料品种	检测项目	检测频率
碎石	筛分、表观密度、堆积密度、含泥量、泥块含量、压碎值、针片状含量、紧装密度	同料场、同品种、同规格,连续进料400 m³ 或 600 t 为一批,不足 400 m³ 或 600 t 也算一批
砂	筛分、表观密度、堆积密度、含泥量、泥块含量、含水量	同料场、同品种、同规格,连续进料400 m³ 或 600 t 为一批,不足 400 m³ 或 600 t 也算一批

续表

材料品种	检测项目	检测频率
面层用粗集料（沥青路面）	压碎值、表观相对密度、吸水率、对沥青黏附性、针片状颗粒含量、水洗法筛分、软石含量（必要时）、磨光值（表面层）	不少于每 500 t 检测一次
面层用细集料（沥青路面）	表观相对密度、压碎值、砂当量、水洗法筛分、含泥量、亚甲蓝值	不少于每 200 t 检测一次
面层用填实（矿粉）	密度、含水量、亲水系数、水洗法筛分	不少于每 50 t 检测一次

实训一　粗集料取样法
（T 0301—2005）

一、概述

在沥青混合料中,粗集料是指粒径大于 2.36 mm 的碎石、破碎砾石、筛选砾石和矿渣等;在水泥混凝土中,粗集料是指粒径大于 4.75 mm 的碎石、砾石和破碎砾石。

由于集料在不同的条件下都有可能离析,因此材料取样的代表性非常重要,它对沥青混合料的矿料级配影响很大。

二、适用范围

本方法适用于对粗集料的取样,也适用于含粗集料的集料混合料,如级配碎石、天然砂砾等。

三、取样方法和试样份数

1. 通过皮带运输机的材料,如采石场生产线、沥青拌和楼冷料输送带上的无机结合料稳定集料、级配碎石混合料等,应从皮带运输机上采集样品。取样时,可在皮带运输机骤停的状态下取其中一截的全部材料或在皮带运输机的端部连续接一定时间的料,将间隔 3 次以上所取的试样组成一组试样,作为代表性试样。

2. 在材料场同批来料的料堆上取样时,应先铲除堆脚等处无代表性的部分,再在料堆的顶部、中部和底部,各从均匀分布的几个不同部位,取得大致相等的若干份,组成一组试样,务必使所取试样能代表本批来料的情况和品质。

3. 从火车、汽车、货船上取样时,应从各不同部位和深度处,抽取大致相等的试样若干份,组成一组试样。抽取的具体份数,应视能够组成本批来料代表样的需要而定。

注:①如经观察,认为各节车皮、汽车或货船的碎石或砾石的品质差异不大,允许只抽取一节车皮、一部汽车、一艘货船的试样(即一组试样),作为该批集料的代表样品。

②如经观察,认为该批碎石或砾石的品质相差甚远,则应对该批集料分别取样和验收。

4. 从沥青拌和楼的热料仓取样时,应在放料口的全断面上取样。通常宜将一开始按正式生产配比投料拌和的几锅(至少 5 锅)舍弃,然后分别将每个热料仓放出至装载机上,倒在水泥地上,适当拌和,从 3 处以上的位置取样,再拌和均匀,取要求数量的试样。

四、取样数量

对每一单项试验,每组试样的取样量宜不少于表 1-3 所规定的最小取样量。需做几项试验时,如确能保证试样经一项试验后不致影响另一项试验的结果,可用同一组试样进行几项不同的试验。

表 1-3　各试验项目所需粗集料的最小取样量

试验项目	相对于下列公称最大粒径(mm)的最小取样量(kg)										
	4.75	9.5	13.2	16	19	26.5	31.5	37.5	53	63	75
筛分	8	10	12.5	15	20	20	30	40	50	60	80
表观密度	6	8	8	8	8	8	12	16	20	24	24
含水率	2	2	2	2	2	2	3	3	4	4	6
吸水率	2	2	2	2	4	4	4	6	6	6	6
堆积密度	40	40	40	40	40	40	80	80	100	120	120
含泥量	8	8	8	8	24	24	40	40	60	80	80
泥块含量	8	8	8	8	24	24	40	40	60	80	80
针片状含量	0.6	1.2	2.5	4	8	8	20	40	—	—	—
硫化盐、硫酸盐	1.0										

注:①有机物含量、坚固性及压碎指标值试验,应按规定粒级要求取样,其试验所需试样数量,按本规程有关规定施行。

②采用广口瓶法测定表观密度时,集料最大粒径不大于 40 mm 者,其最小取样量为 8 kg。

五、试样的缩分

1. 分料器法:将试样拌匀后如图 1-1 所示,通过分料器分为大致相等的两份,再取其中的一份分成两份,缩分至需要的数量为止。

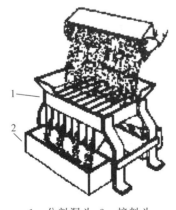

1—分料漏斗;2—接料斗

图 1-1　分料器

2. 四分法:如图 1-2 所示。将所取试样置于平板上,在自然状态下拌和均匀,大致推平,然后沿互相垂直的两个方向,把试样由中心向边缘推开,分成大致相等的四份,取其对角的两份重新拌匀,重复上述过程,直至缩分后的材料量略多于进行试验所必需的量。

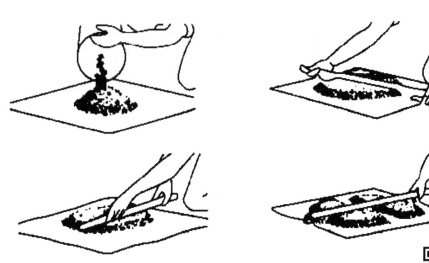

图1-2　四分法

3. 缩分后的试样数量应符合各项试验规定数量的要求。

六、试样的包装

四分法取样

每组试样应采用能避免细料散失及防止污染的容器包装,并附卡片标明
试样编号、取样时间、试样产地、试样规格、试样代表数量、试样品质、要求检验项目及取样方
法等。

实训二　粗集料及集料混合料的筛分试验
(T 0302—2005)

一、概述

道路与桥梁中用的集料大多以混合料的形式与各种结合料(如水泥、沥青等)组成混合料使用。为使水泥混凝土和沥青混合料等具备优良的路用性能,除集料的技术性质要符合要求外,集料混合料还必须满足最小空隙率和最大摩擦力的基本要求。对最小空隙率和最大摩擦力影响最大的是集料的级配。

集料的级配是指集料中各组成颗粒的分级和搭配,通过筛分试验确定。筛分试验包括干筛法和水洗法。沥青路面集料的筛分试验无论是对粗集料、细集料的原材料筛分进行目标配合比设计,还是在沥青厂从拌和机二次筛分后,对热料仓取样筛分进行生产配合比设计时,都要求采用水洗法筛分,以准确确定0.075 mm通过率。干筛法仅适用于水泥混凝土用集料。

二、目的与适用范围

1. 测定粗集料(碎石、砾石、矿渣等)的颗粒组成,对水泥混凝土用粗集料可采用干筛法筛分,对沥青混合料及基层用粗集料必须采用水洗法试验。

2. 本方法也适用于同时含有粗集料、细集料、矿粉的集料混合料筛分试验,如未筛碎石、级配碎石、天然砂砾、级配砂砾、无机结合料稳定基层材料、沥青拌和楼的冷料混合料、热料仓材料、沥青混合料经溶剂抽提后的矿料等。

三、仪器与材料

1. 试验筛:根据需要选用规定的标准筛。

2. 摇筛机。

3. 天平或台秤:感量不大于试样质量的0.1%。

4. 其他:盘子、铲子、毛刷等。

四、试验准备

按规定将来料用分料器或四分法缩分至表1-4要求的试样所需量,风干后备用。根据需要可按要求的集料最大粒径的筛孔尺寸过筛,除去超粒径部分颗粒后,再进行筛分。

表1-4　筛分用的试样质量

公称最大粒径/mm	75	63	37.5	31.5	26.5	19	16	9.5	4.75
最小试样质量/kg	10	8	5	4	2.5	2	1	1	0.5

五、水泥混凝土用粗集料干筛法试验步骤

1. 取试样一份置105 ℃±5 ℃烘箱中烘干至恒重,称取干燥集料试样的总质量(m_0),

准确至 0.1%。

注:恒重指在相邻两次称取间隔时间大于 3 h(通常不少于 6 h)的情况下,前后两次称量之差小于该项试验所要求的称量精密度。下同。

2. 用搪瓷盘作筛分容器,按筛孔大小排列顺序逐个将集料过筛。人工筛分时,需使集料在筛面上同时有水平方向及上下方向的不停顿的运动,使小于筛孔的集料通过筛孔,直至 1 min 内通过筛孔的质量小于筛上残余量的 0.1% 为止;当采用摇筛机筛分时,应在摇筛机筛分后再逐个由人工补筛。将筛出通过的颗粒并入下一号筛,和下一号筛中的试样一起过筛,按顺序进行,直至各号筛全部筛完为止。应确认 1 min 内通过筛孔的质量确实小于筛上残余量的 0.1%。

注:由于 0.075 mm 筛干筛几乎不能把沾在粗集料表面的小于 0.075 mm 部分的石粉筛过去,而且对水泥混凝土用粗集料而言,0.075 mm 通过率的意义不大,所以也可以不筛,且把通过 0.15 mm 筛的筛下部分全部作为 0.075 mm 的分计筛余,将粗集料的 0.075 mm 通过率假设为 0。

3. 如果某个筛上的集料过多,影响筛分作业,可以分两次筛分,当筛余颗粒的粒径大于 19 mm 时,筛分过程中允许用手指轻轻拨动颗粒,但不得逐颗筛过筛孔。

4. 称取每个筛上的筛余量,准确至总质量的 0.1%。各筛分计筛余量及筛底存量的总和与筛分前试样的干燥总质量 m_0 相比,相差不得超过 m_0 的 0.5%。

六、沥青混合料及基层用粗集料水洗法试验步骤

1. 取一份试样,将试样置 105 ℃±5 ℃烘箱中烘干至恒重,称取干燥集料试样的总质量(m_3),准确至 0.1%。

2. 将试样置一洁净容器中,加入足够量的洁净水,将集料全部淹没,但不得使用任何洗涤剂、分散剂或表面活性剂。

3. 用搅棒充分搅动集料,使集料表面洗涤干净,细粉悬浮在水中,但不得破碎集料或使集料从水中溅出。

4. 根据集料粒径大小选择一组套筛,其底部为 0.075 mm 标准筛,上部为 2.36 mm 或 4.75 mm 筛。仔细将容器中混有细粉的悬浮液倒出,经过套筛流入另一容器中,尽量不将粗集料倒出,以免损坏标准筛筛面。

注:无须将容器中的全部集料都倒出,只倒出悬浮液。且不可直接倒至 0.075 mm 筛上,以免集料掉出损坏筛面。

5. 重复步骤 2~4,直至倒出的水洁净为止,必要时可用水缓慢冲洗。

6. 将套筛每个筛子上的集料及容器中的集料全部回收在一个搪瓷盘中,容器上不得有沾附的集料颗粒。

注:沾在 0.075 mm 筛面上的细粉很难回收扣入搪瓷盘中,此时需将筛子倒扣在搪瓷盘上用少量的水并辅以毛刷将细粉刷落入搪瓷盘中,并注意不要散失。

7. 在确保细粉不散失的前提下,小心泌去搪瓷盘中的积水,将搪瓷盘连同集料一起置于 105 ℃±5 ℃烘箱中烘干至恒重,称取干燥集料试样的总质量(m_4),准确至 0.1%。以 m_3 与 m_4 之差作为 0.075 mm 的筛下部分。

8. 将回收的干燥集料按干筛方法筛分出 0.075 mm 筛以上各筛的筛余量,此时

0.075 mm筛下部分应为0;如果尚能筛出,则应将其并入水洗得到的0.075 mm的筛下部分,且表示水洗得不干净。

七、计算

1. 干筛法筛分结果的计算

(1)计算各筛分计筛余量及筛底存量的总和与筛分前试样的干燥总质量m_0之差,作为筛分时的损耗,并计算损耗率,若损耗率大于0.3%,应重新进行试验。

$$m_5 = m_0 - (\sum m_i + m_底) \tag{1-1}$$

式中:m_5——由筛分造成的损耗,g;

　　　m_0——用于干筛的干燥集料总质量,g;

　　　m_i——各号筛上的分计筛余,g;

　　　i——依次为0.075 mm、0.15 mm……至集料最大粒径的排序;

　　　$m_底$——筛底(0.075 mm以下部分)集料总质量,g。

(2)干筛分计筛余百分率

干筛后各号筛上的分计筛余百分率按式(1-2)计算,精确至0.1%。

$$P'_i = \frac{m_i}{m_0 - m_5} \times 100 \tag{1-2}$$

式中:P'_i——各号筛上的分计筛余百分率,%;

　　　m_5——由筛分造成的损耗,g;

　　　m_0——用于干筛的干燥集料总质量,g;

　　　m_i——各号筛上的分计筛余,g;

　　　i——依次为0.075 mm、0.15 mm……至集料最大粒径的排序。

(3)干筛累计筛余百分率:各号筛的累计筛余百分率为该号筛以上各号筛的分计筛余百分率之和,精确至0.1%。

(4)通过百分率:各号筛的质量通过百分率等于100减去该号筛累计筛余百分率,精确至0.1%。

(5)用筛底存量除以扣除损耗后的干燥集料总质量计算0.075 mm筛的通过率。

(6)试验结果用两次试验的平均值表示,准确至0.1%。当两次试验结果$P_{0.075}$的差值超过1%时,试验应重新进行。

2. 水筛法筛分结果的计算

(1)按式(1-3)、(1-4)计算粗集料中0.075 mm筛筛下部分质量$m_{0.075}$和含量$P_{0.075}$,精确至0.1%。当两次试验结果$P_{0.075}$的差值超过1%时,试验应重新进行。

$$m_{0.075} = m_3 - m_4 \tag{1-3}$$

$$P_{0.075} = \frac{m_{0.075}}{m_3} = \frac{m_3 - m_4}{m_3} \times 100 \tag{1-4}$$

式中:$P_{0.075}$——粗集料中小于0.075 mm的含量(通过率),%;

　　　$m_{0.075}$——粗集料中水洗得到的小于0.075 mm部分的质量,g;

　　　m_3——用于水洗的干燥粗集料总质量,g;

　　　m_4——水洗后的干燥粗集料总质量,g。

9

（2）计算各筛分计筛余量及筛底存量的总和与筛分前试样的干燥总质量 m_4 之差，作为筛分时的损耗，若大于0.3%，应重新进行试验。

$$m_5 = m_3 - (\sum m_i + m_{0.075}) \tag{1-5}$$

式中：m_5——由筛分造成的损耗，g；

m_3——用于水洗的干燥粗集料总质量，g；

m_i——各号筛上的分计筛余，g；

i——依次为0.075 mm、0.15 mm……至集料最大粒径的排序；

$m_{0.075}$——水洗后得到的0.075 mm筛以下部分质量，即 $m_3 - m_4$，g。

（3）计算其他各筛的分计筛余百分率、累计筛余百分率、通过百分率，计算方法与干筛法相同，当干筛筛分有损耗时，应按干筛法从总质量中扣除损耗部分。

（4）试验结果以两次试验的平均值表示。

八、报告

1. 筛分结果以各筛孔的质量通过百分率表示。

2. 对于沥青混合料、基层材料配合比设计用的集料筛分曲线，其横坐标为筛孔尺寸的0.45次方（见表1-5），纵坐标为普通坐标（图1-3）。

3. 同一种集料至少取两个试样平行试验两次，取平均值作为每号筛上筛余量的试验结果，报告集料级配组成的通过百分率及级配曲线。

表1-5 级配曲线的横坐标（按 $x = d_i^{0.45}$ 计算）

筛孔 d_i/mm	0.075	0.15	0.3	0.6	1.18	2.36	4.75
横坐标 x	0.312	0.426	0.582	0.795	1.077	1.472	2.016
筛孔 d_i/mm	9.5	13.2	16	19	26.5	31.5	37.5
横坐标 x	2.745	3.193	3.482	3.762	4.370	4.723	5.100

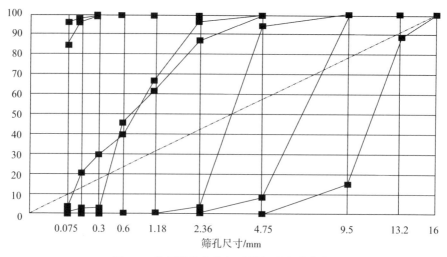

图1-3 集料筛分曲线与矿料级配设计曲线

九、注意事项

1. 为保证样品有代表性,来料用分料器或四分法缩分至要求的试样所需量。

2. 摇筛机筛分后需逐个由人工补筛。

3. 沥青混合料及基层用粗细集料必须用水筛法确定小于 0.075 mm 的含量,因为其直接影响添加矿粉的数量。

十、实训报告

提交实训报告 1(干筛法)和实训报告 2(水洗法)。

实训报告1 粗集料及集料混合料的筛分试验记录

集料记录：   试验编号：

工程名称		施工标段	
施工单位		工程部位	
监理单位		试验仪器	
试验依据		试验日期	
取样地点、日期		代表数量/kg	
集料产地		品种规格	

干燥集料总质量 m_0/g	第1组				第2组				平均
筛孔尺寸/mm	筛上质量/g	分计筛余/%	累计筛余/%	通过百分率/%	筛上质量/g	分计筛余/%	累计筛余/%	通过百分率/%	通过百分率/%
筛底									
干筛后总量/g									
损耗 m_5/g									
损耗率/%									
备注：				监理意见： 签名： 日期：					

复核：   计算：   试验：

实训报告 2 粗集料及集料混合料的筛分试验(水洗法)

集料记录: 试验编号:

工程名称		施工标段	
施工单位		工程部位	
监理单位		试验仪器	
试验依据		试验日期	
取样地点、日期		代表数量/kg	
集料产地		品种规格	

干燥集料总量 m_3/g	第1组				第2组				平均
水洗后筛上总量 m_4/g									
水洗后0.075mm筛下量/g									
0.075mm通过率/%									

筛孔尺寸/mm	筛上重/g	分计筛余/%	累计筛余/%	通过百分率/%	筛上重/g	分计筛余/%	累计筛余/%	通过百分率/%	平均通过百分率/%
筛底									
干筛后总量/g									
损耗 m_5/g									
损耗率/%									
扣除损耗后总质量/g									

备注:	监理意见: 签名: 日期:

复核: 计算: 试验:

实训三 粗集料密度及吸水率试验(网篮法)

(T 0304—2005)

一、概述

表观密度(视密度)是指单位体积(含材料的实体矿物成分及闭口孔隙体积)物质颗粒的干质量;表观相对密度是指表观密度与同温度水的密度之比值。表干密度(饱和面干毛体积密度)是指单位体积(含材料的实体矿物成分及其闭口孔隙、开口孔隙等颗粒表面轮廓线所包围的全部毛体积)物质颗粒的饱和面干质量;表干相对密度是指表干密度与同温度水的密度之比值。毛体积密度是指单位体积(含材料的实体矿物成分及其闭口孔隙、开口孔隙等颗粒表面轮廓线所包围的毛体积)颗粒的干质量;毛体积相对密度是指毛体积密度与同温度水的密度之比值。

在沥青混合料配合比设计时,仅需测定集料的相对密度。集料的相对密度值对沥青混合料的理论最大相对密度和空隙率等一系列体积指标影响很大。

二、目的与适用范围

本实训的方法适用于测定各种粗集料的表观相对密度、表干相对密度、毛体积相对密度、表观密度、表干密度、毛体积密度,以及粗集料的吸水率。

三、仪器设备

1. 天平或浸水天平:可悬挂吊篮测定集料的水中质量,称量应满足试样数量称量要求,感量不大于最大称量的 0.05%。

2. 吊篮:耐锈蚀材料制成,直径和高度为 150 mm 左右,四周及底部用 1～2 mm 筛网编制或具有密集的孔眼。

3. 溢流水槽:在称量水中质量时能保持水面高度一定。

4. 烘箱:能控温在 105 ℃±5 ℃。

5. 温度计。

6. 盛水容器(如搪瓷盘)。

7. 其他:刷子、毛巾等。

四、试验准备

1. 将试样用标准筛过筛除去其中的细集料,对较粗集料可用 4.75 mm(方孔筛)过筛,对 2.36～4.75 mm 集料,或者混在 4.75 mm 以下石屑中的粗集料,则用 2.36 mm 标准筛过筛,用四分法或分料器缩分至要求的质量,分两份备用。对沥青路面用粗集料,应对不同规格的集料分别测定,不得混杂,所取的每一份集料试样应基本上保持原有的级配。在测定 2.36～4.75 mm 的粗集料时,试验过程中应特别小心,不得丢失集料。

2. 经缩分后供测定密度和吸水率的粗集料质量应符合表 1-6 的规定。

表 1-6 测定密度和吸水率所需要的试样最小质量

公称最大粒径/mm	4.75	9.5	16	19	26.5	31.5	37.5	63	75
每一份试样的最小质量/kg	0.8	1	1	1	1.5	1.5	2	3	3

3. 将每一份集料试样浸泡在水中,并适当搅动,仔细洗去附在集料表面的尘土和石粉,经多次漂洗干净至水清澈为止。清洗过程中不得散失集料颗粒。

五、试验步骤

1. 取试样一份装入干净的搪瓷盘中,注入洁净的水,水面至少高出试样 20 mm,轻轻搅动试样(石料),使附着石料上的气泡完全逸出。在室温下保持浸水 24 h。

2. 将吊篮挂在天平的吊钩上,浸入溢流水槽中,向溢流水槽中注水至水面高度达水槽的溢流孔为止,将天平调零。吊篮的筛网应保证集料不会通过筛孔流失,对 2.36～4.75 mm 粗集料应更换小孔筛网,或在网篮中加入一个浅盘。

3. 调节水温在 15～25 ℃范围内,将试样移入吊篮中。溢流水槽中的水面高度由水槽的溢流孔控制,维持不变。称取集料的水中质量(m_w)。

4. 提起吊篮,稍稍滴水后,较粗的粗集料可以直接倒在拧干的湿毛巾上。较细的粗集料(2.36～4.75 mm)连同浅盘一起取走,稍稍倾斜搪瓷盘,仔细倒出余水,将粗集料倒在拧干的湿毛巾上,用毛巾吸走从集料中漏出的自由水。需特别注意,此步骤不得有颗粒丢失,或有小颗粒附在吊篮上。再用拧干的湿毛巾轻轻擦干集料颗粒表面的水,至表面看不到发亮的水迹,即为饱和面干状态。当粗集料尺寸较大时,宜逐粒擦干。注意对较粗的粗集料,拧湿毛巾时不要太用劲,防止拧得太干。对较细的含水较多的粗集料,毛巾可拧得稍干些。擦颗粒表面的水时,既要将表面的水擦掉,又不能将颗粒内部的水吸出。整个过程中不得有集料丢失,且已擦干的集料不得继续在空气中放置,以防止集料干燥。

5. 在保持表干状态下,立即称取集料的表干质量(m_f)。

6. 将集料置于浅盘中,放入 105 ℃±5 ℃的烘箱中烘干至恒重。取出浅盘,放在带盖的容器中冷却至室温,称取集料的烘干质量(m_a)。

7. 对同一规格的集料应平行试验两次,取平均值作为试验结果。

六、计算

1. 表观相对密度 γ_a、表干相对密度 γ_s、毛体积相对密度 γ_b 按式(1-6)、(1-7)、(1-8)计算,结果精确至小数点后 3 位。

$$\gamma_a = \frac{m_a}{m_a - m_w} \tag{1-6}$$

$$\gamma_s = \frac{m_f}{m_f - m_w} \tag{1-7}$$

$$\gamma_b = \frac{m_a}{m_f - m_w} \tag{1-8}$$

式中:γ_a——集料的表观相对密度,无量纲;

γ_s——集料的表干相对密度,无量纲;

γ_b——集料的毛体积相对密度,无量纲;

m_a——集料的烘干质量,g;

m_f——集料的表干质量,g;

m_w——集料的水中质量,g。

2. 集料的吸水率以烘干试样为基准,按式(1-9)计算,准确至 0.01%。

$$w_x = \frac{m_f - m_a}{m_a} \times 100 \tag{1-9}$$

式中:w_x——粗集料的吸水率,%。

3. 粗集料的表观密度(视密度)ρ_a、表干密度 ρ_s、毛体积密度 ρ_b 分别按式(1-10)、(1-11)、(1-12)计算,精确至小数点后 3 位。不同水温条件下测量的粗集料表观密度需进行水温修正,不同试验条件下水的密度 ρ_T、水的温度修正系数 α_T 如表 1-7 所列,此表适用于在 15~25 ℃测定的情况。

$$\rho_a = \gamma_a \times \rho_T \text{ 或 } \rho_a = (\gamma_a - \alpha_T) \times \rho_w \tag{1-10}$$

$$\rho_s = \gamma_s \times \rho_T \text{ 或 } \rho_s = (\gamma_s - \alpha_T) \times \rho_w \tag{1-11}$$

$$\rho_b = \gamma_b \times \rho_T \text{ 或 } \rho_b = (\gamma_b - \alpha_T) \times \rho_w \tag{1-12}$$

式中:ρ_a——粗集料的表观密度,g/cm³;

ρ_s——粗集料的表干密度,g/cm³;

ρ_b——粗集料的毛体积密度,g/cm³。

ρ_T——试验温度 T 时水的密度,g/cm³,按表 1-7 取用;

α_T——试验温度 T 时水温修正系数;

ρ_w——水在 4 ℃时的密度,1.000 g/cm³。

粗集料密度及
吸水率试验

表 1-7　不同水温时水的密度 ρ_T 及水温修正系数 α_T

水温 T/℃	15	16	17	18	19	20
水的密度 ρ_T/(g/cm³)	0.99913	0.99897	0.99880	0.99862	0.99843	0.99822
水温修正系数 α_T	0.002	0.003	0.003	0.004	0.004	0.005
水温 T/℃	21	22	23	24	25	
水的密度 ρ_T/(g/cm³)	0.99802	0.99779	0.99756	0.99733	0.99702	
水温修正系数 α_T	0.005	0.006	0.006	0.007	0.007	

七、精密度或允许差

重复试验的精密度,对表观相对密度、表干相对密度、毛体积相对密度,两次结果相差不得超过 0.02,对吸水率不得超过 0.2%。

八、注意事项

1. 为保证样品有代表性,来料用分料器或四分法缩分至要求的试样所需量。

2. 在试验过程中,应注意控制溢流水槽中的水面高度。

3. 在测定 2.36~4.75 mm 的粗集料时,试验过程中应特别小心,不得丢失集料。

4. 粗集料的表干状态不容易掌握,用湿毛巾擦去表面水渍,但切不可过度操作,不得将内部的毛细水吸出,且已擦干的集料不得继续放置在空气中,以防止集料干燥。

九、实训报告

提交实训报告3。

实训报告 3　粗集料密度及吸水率试验(网篮法)记录

集料记录：　　　　　　　　　　　　　　试验编号：

工程名称			施工标段	
施工单位			工程部位	
监理单位			试验仪器	
试验依据			试验日期	
取样地点、日期			代表数量/kg	
集料产地			品种规格	
试验次数		1	2	平均值
集料的水中质量 m_w/g				
集料的表干质量 m_f/g				
集料的烘干质量 m_a/g				
表观相对密度 γ_a				
毛体积相对密度 γ_b				
表干相对密度 γ_s				
吸水率 w_x/%				
水温/℃			水的密度	
表观密度 ρ_a/(g/cm³)				
毛体积密度 ρ_b/(g/cm³)				
表干密度 ρ_s/(g/cm³)				
备注：			监理意见： 签名： 日期：	

复核：　　　　　　　　计算：　　　　　　　　试验：

平行试验误差：

实训总结：

实训四　粗集料含水率试验
（T 0305—1994）

一、概述

水泥混凝土施工配合水用量要根据工地现场实测的集料的含水率多少来计算。如果集料含水率测定不准确,将直接影响施工配合水用量,影响水泥混凝土水胶比,最终影响水泥混凝土的质量。

二、目的与适用范围

测定碎石或砾石等各种粗集料的含水率。

三、仪具与材料

1. 烘箱:能使温度控制在 105 ℃±5 ℃。
2. 天平:称量 5 kg,感量不大于 5 g。
3. 容器:如浅盘等。

四、试验步骤

1. 根据最大粒径,按 T 0301 的方法取代表性试样,分成两份备用。
2. 将试样置于干净的容器中,称量试样和容器的总质量(m_1),并在 105 ℃±5 ℃的烘箱中烘干至恒重。
3. 取出试样,冷却后称取试样与容器的总质量(m_2)。

五、计算

含水率按式(1-13)计算,精确至 0.1%。

$$w = \frac{m_1 - m_2}{m_2 - m_3} \times 100 \tag{1-13}$$

式中:w——粗集料的含水率,%;

$\quad\quad m_1$——烘干前试样与容器总质量,g;

$\quad\quad m_2$——烘干后试样与容器总质量,g;

$\quad\quad m_3$——容器质量,g。

六、报告

以两次平行试验结果的算术平均作为测定值。

七、实训报告

提交实训报告 4。

实训报告 4 粗集料含水率试验记录

集料记录：   试验编号：

工程名称		施工标段	
施工单位		工程部位	
监理单位		试验仪器	
试验依据		试验日期	
取样地点、日期		代表数量/kg	
集料产地		品种规格	
编号		1	2
烘干前试样与容器总质量 m_1/g			
烘干后试样与容器总质量 m_2/g			
容器质量 m_3/g			
粗集料的含水率/%			
粗集料含水率的平均值			
备注：		监理意见： 签名： 日期：	

复核：   计算：   试验：

实训总结：

实训五 粗集料堆积密度及空隙率试验
(T 0309—2005)

一、概述

堆积密度是指单位体积(含物质颗粒固体及其闭口、开口孔隙体积及颗粒间空隙体积)物质颗粒的质量。有干堆积密度及湿堆积密度之分。

道路与桥梁中用的集料大多以混合料的形式与各种结合料(如水泥、沥青等)组成混合料使用。为使水泥混凝土和沥青混合料等具备优良的路用性能,除集料的技术性质要符合要求外,集料混合料还必须满足最小空隙率和最大摩擦力的基本要求。

二、目的与适用范围

测定粗集料的堆积密度,包括自然堆积状态、振实状态、捣实状态下的堆积密度,以及堆积状态下的间隙率。

三、仪具与材料

1. 天平或台秤:感量不大于称量的 0.1%。
2. 容量筒:适用于粗集料堆积密度测定的容量筒应符合表 1-8 的要求。

表 1-8 沥青混合料集料容量筒的规格要求

粗集料公称最大粒径/mm	容量筒容积/L	容量筒规格/mm			筒壁厚度/mm
		内径	净高	底厚	
≤4.75	3	155±2	160±2	5.0	2.5
9.5~26.5	10	205±2	305±2	5.0	2.5
31.5~37.5	15	255±5	295±5	5.0	3.0
≥53	20	355±5	305±5	5.0	3.0

3. 平头铁锹。
4. 烘箱:能控温在 105 ℃±5 ℃。
5. 振动台:频率为 3000 次/min±200 次/min,负荷下的振幅为 0.35 mm,空载时的振幅为 0.5 mm。
6. 捣棒:直径 16 mm,长 600 mm,一端为圆头的钢棒。

四、试验准备

按 T 0301 粗集料取样法取样、缩分,质量应满足试验要求,在 105 ℃±5 ℃的烘箱中烘干,也可以摊在清洁的地面上风干,拌匀后分成两份备用。

五、试验步骤

1. 自然堆积密度

取试样 1 份,置于平整干净的水泥地(或铁板)上,用平头铁锹铲起试样,使石子自由落入容量筒内。此时,铁锹的齐口至容量筒上口的距离应保持为 50 mm 左右,装满容量筒并除去凸出筒口表面的颗粒,并以合适的颗粒填入凹陷空隙,使表面稍凸起部分和凹陷部分的体积大致相等,称取试样和容量筒总质量(m_2)。

2. 振实密度

按堆积密度试验步骤,将装满试样的容量筒放在振动台上,振动 3 min,或者将试样分三层装入容量筒:装完一层后,在筒底垫放一根直径为 25 mm 的圆钢筋,将筒按住,左右交替颠击地面各 25 下;然后装入第二层,用同样的方法颠实(但筒底所垫钢筋的方向应与第一层放置方向垂直);再装入第三层,如法颠实。待三层试样装填完毕后,加料填到试样超出容量筒筒口,用钢筋沿筒口边缘滚转,刮下高出筒口的颗粒,用合适的颗粒填平凹处,使表面稍凸起部分和凹陷部分的体积大致相等,称取试样和容量筒总质量(m_2)。

3. 捣实密度

根据沥青混合料的类型和公称最大粒径,确定起骨架作用的关键性筛孔(通常为 4.75 mm 或 2.36 mm 等)。将矿料混合料中此筛孔以上颗粒筛出,作为试样装入符合要求规格的容器中达 1/3 的高度,由边缘至中心用捣棒均匀捣实 25 次。再向容器中装入 1/3 高度的试样,用捣棒均匀捣实 25 次,捣实深度约至下层的表面。然后重复上一步骤,加最后一层,捣实 25 次,使集料与容器口齐平。用合适的集料填充表面的大空隙,用直尺大体刮平,目测估计表面凸起的部分与凹陷的部分的容积大致相等,称取容量筒与试样总质量(m_2)。

4. 容量筒容积的标定

用水装满容量筒,测量水温,擦干筒外壁的水分,称取容量筒与水的总质量(m_w),并按水的密度对容量筒的容积做校正。

六、计算

1.容量筒的容积按式(1-14)计算。

$$V = \frac{m_w - m_1}{\rho_T} \tag{1-14}$$

式中:V——容量筒的容积,L;

m_1——容量筒的质量,kg;

m_w——容量筒与水的总质量,kg;

ρ_T——试验温度 T 时水的密度,按表 1-7 选用,g/cm³。

2. 堆积密度(包括自然堆积状态、振实状态、捣实状态下的堆积密度)按式(1-15)计算,结果保留至小数点后 2 位。

$$\rho = \frac{m_2 - m_1}{V} \tag{1-15}$$

式中:ρ——松方密度,t/m³;

V——容量筒的容积,L;

m_1——容量筒的质量,kg;

m_2——容量筒与试样的总质量,kg。

3. 水泥混凝土用粗集料振实状态下的空隙率按式(1-16)计算。

$$n=\left(1-\frac{\rho}{\rho_a}\right)\times 100 \tag{1-16}$$

式中:n——水泥混凝土用粗集料的空隙率,%;

ρ_a——粗集料的表观密度,t/m³;

ρ——按振实法测定的粗集料的松方密度,t/m³。

4. 沥青混合料用粗集料骨架捣实状态下的间隙率按式(1-17)计算。

$$VCA_{DRC}=\left(1-\frac{\rho}{\rho_b}\right)\times 100 \tag{1-17}$$

式中:VCA_{DRC}——捣实状态下粗集料骨架间隙率,%;

ρ_b——按粗集料密度及吸水率试验测定的毛体积密度,t/m³;

ρ——按捣实法测定的粗集料的松方密度,t/m³。

七、报告

以两次平行试验结果的平均值作为测定值。

八、注意事项

1. 为保证样品有代表性,来料用分料器或四分法缩分至要求的试样所需量。
2. 测定自然堆积密度时,保持铁锹的齐口至容量筒上口的距离为 50 mm。
3. 测定振实密度时,将试样分三层装入容量筒时每层应将容量筒左右颠击地面各 25 次,且第二层筒底所垫钢筋的方向应与第一层放置方向垂直。
4. 测定捣实密度时,将试样分三层装入容量筒,每层各捣 25 次。

九、实训报告

提交实训报告 5。

实训报告 5　粗集料堆积密度及空隙率试验记录

集料记录：　　　　　　　　　　　　　试验编号：

工程名称		施工标段	
施工单位		工程部位	
监理单位		试验仪器	
试验依据		试验日期	
取样地点、日期		代表数量/kg	
集料产地		品种规格	

堆积密度	容量筒的体积 V/L	容量筒的质量 m_1/kg	容量筒与试样的总质量 m_2/kg	堆积密度 $\rho/(t/m^3)$	平均值 $/(t/m^3)$
自然堆积状态					
振实状态					
捣实状态					

容量筒与水的总质量 m_w/kg		水的密度 $\rho_T/(t/m^3)$	
表观密度 $\rho_a/(t/m^3)$		毛体积密度 $\rho_b/(t/m^3)$	
空隙率 $n/\%$		间隙率 $VCA_{DRC}/\%$	

备注：	监理意见： 　　　　　　签名： 　　　　　　日期：

复核：　　　　　　　　计算：　　　　　　　　试验：

实训总结：

实训六 水泥混凝土用粗集料针片状颗粒含量试验(规准仪法)

(T 0311—2005)

一、概述

针片状颗粒指粗集料中细长的针状颗粒与扁平的片状颗粒。当颗粒诸方向中的最小厚度(或直径)与最大长度(或宽度)的尺寸之比小于规定比例时,属于针片状颗粒。当针片状颗粒含量超过一定量时,集料空隙增加,这不仅使混凝土拌合物的和易性变差,同时也降低混凝土的强度。

二、目的及适用范围

1. 本方法适用于测定水泥混凝土使用的 4.75 mm 以上的粗集料的针状及片状颗粒含量,以百分率计。

2. 本方法测定的针片状颗粒,是指使用专用规准仪测定的粗集料颗粒的最小厚度(或直径)方向与最大长度(或宽度)方向的尺寸之比小于一定比例的颗粒。

3. 本方法测定的粗集料中针片状颗粒的含量,可用于评价集料的形状及其在工程中的适用性。

三、仪具与材料

1. 水泥混凝土集料针状规准仪和片状规准仪如图 1-4 和图 1-5 所示,片状规准仪的钢板基板厚度为 3 mm,尺寸应符合表 1-9 的要求。

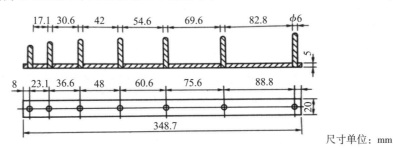

尺寸单位:mm

图 1-4 针状规准仪

表 1-9 水泥混凝土集料针片状颗粒试验的粒级划分及相应的规准仪孔宽或间距

粒级(方孔筛)/mm	4.75～<9.5	9.5～<16	16～<19	19～<26.5	26.5～<31.5	31.5～37.5
针状规准仪上对应立柱之间的间距/mm	17.1 (B_1)	30.6 (B_2)	42.0 (B_3)	54.6 (B_4)	69.6 (B_5)	82.8 (B_6)
片状规准仪上对应的孔宽/mm	2.8 (A_1)	5.1 (A_2)	7.0 (A_3)	9.1 (A_4)	11.6 (A_5)	13.8 (A_6)

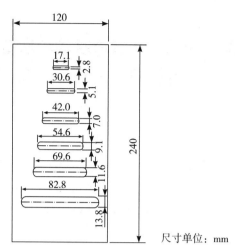

尺寸单位：mm

图 1-5　片状规准仪

2. 天平或台秤:感量不大于称量的 0.1%。

3. 标准筛:孔径分别为 4.75 mm、9.5 mm、16 mm、19 mm、26.5 mm、31.5 mm、37.5 mm，试验时根据需要选用。

四、试验准备

将来样在室内风干至表面干燥，并用四分法或分料器法缩分至满足表 1-10 规定的质量，称量(m_0)，然后筛分成表 1-9 所规定的粒级备用。

表 1-10　针片状颗粒试验所需的试样最小质量

公称最大粒径/mm	9.5	16	19	26.5	31.5	37.5	37.5	37.5
每一份试样的最小质量/kg	0.3	1	2	3	5	10	10	10

五、试验步骤

1. 目测挑出接近立方体形状的规则颗粒，将目测可能属于针片状颗粒的集料按表1-9所规定的粒级用规准仪逐粒进行针状颗粒鉴定，挑出颗粒长度大于针状规准仪上相应间距而不能通过者，为针状颗粒。

2. 将通过针状规准仪上相应间距的非针状颗粒逐粒进行片状颗粒鉴定，挑出厚度小于片状规准仪上相应孔宽能通过者，为片状颗粒。

3. 称量由各粒级挑出的针状颗粒和片状颗粒的质量，其总质量为 m_1。

六、计算

碎石或砾石中针片状颗粒含量按式(1-18)计算，精确至 0.1%。

$$Q_e = \frac{m_1}{m_0} \times 100 \qquad (1\text{-}18)$$

式中:Q_e——针片状颗粒含量,%;

　　　m_0——试验用的集料总质量,g;

m_1——试样中所含针状颗粒与片状颗粒的总质量,g。

注:如果需要,可以分别计算针状颗粒与片状颗粒的含量。

七、注意事项

为保证样品有代表性,来料用分料器或四分法缩分至要求的试样所需量。

八、实训报告

提交实训报告 6。

实训报告 6　水泥混凝土用粗集料针片状颗粒含量试验(规准仪法)记录

集料记录：　　　　　　　　　　　　　　试验编号：

工程名称		施工标段	
施工单位		工程部位	
监理单位		试验仪器	
试验依据		试验日期	
取样地点、日期		代表数量/kg	
集料产地		品种规格	
样品总质量 m_0/g			

集料粒径	各级质量/g	针状质量/g	片状质量/g	合计质量 m_1/g	针状含量/%	片状含量/%	合计含量/%

针状颗粒含量/%		片状颗粒总含量/%	
针、片状颗粒总质量/g		针、片状颗粒总含量/%	

备注：	监理意见： 签名： 日期：

复核：　　　　　　　　计算：　　　　　　　　试验：

实训总结：

实训七　粗集料针片状颗粒含量试验(游标卡尺法)
(T 0312—2005)

一、概述

针片状颗粒指粗集料中细长的针状颗粒与扁平的片状颗粒。当颗粒诸方向中的最小厚度(或直径)与最大长度(或宽度)的尺寸之比小于规定比例时,属于针片状颗粒。粗集料的针片状颗粒含量测定适用于 4.75 mm 以上的颗粒,对 4.75 mm 以下的 3~5 mm 石屑一般不做测定。针片状颗粒对沥青混合料在施工及使用的全过程中都有重要影响。

二、目的及适用范围

1. 本方法适用于测定粗集料的针状及片状颗粒含量,以百分率计。

2. 本方法测定的针片状颗粒,是指用游标卡尺测定的粗集料颗粒的最大长度(或宽度)方向与最小厚度(或直径)方向的尺寸之比大于 3 的颗粒。有特殊要求采用其他比例时,应在试验报告中注明。

3. 本方法测定的粗集料中针片状颗粒的含量,可用于评价集料的形状和抗压碎的能力,以评定石料生产厂的生产水平及该材料在工程中的适用性。

三、仪具与材料

1. 标准筛:方孔筛 4.75 mm。

2. 游标卡尺:精密度为 0.1 mm。

3. 天平:感量不大于 1 g。

四、试验步骤

1. 按 T 0301 的方法,采集粗集料试样。

2. 按分料器法或四分法原理选取 1 kg 左右的试样。对每一种规格的粗集料,应按照不同的公称粒径,分别取样检验。

3. 用 4.75 mm 标准筛将试样过筛,取筛上部分供试验用,称取试样的总质量 m_0,准确至 1 g,试样质量应不小于 800 g,且不少于 100 颗。

4. 将试样平摊于桌面上,首先用目测法挑出接近立方体的符合要求的颗粒,剩下可能属于针状(细长)和片状(扁平)的颗粒。

5. 将欲测量的颗粒放在桌面上使其成一稳定的状态,图 1-6 中颗粒平面方向的最大长度为 L,侧面厚度的最大尺寸为 t,颗粒最大宽度为 $w(t<w<L)$,用游标卡尺逐颗测定石料的 L 及 t,将 $L/t \geqslant 3$ 的颗粒(即最大长度方向与最大厚度方向的尺寸之比大于 3 的颗粒)分别挑出作为针片状颗粒。称取针片状颗粒的质量 m_1,准确至 1 g。

注:稳定状态是指平放的状态,不是直立状态,侧面厚度的最大尺寸 t 为图 1-6 中颗粒

顶部至平台的厚度,是在最薄的一个面上测量的,但并非颗粒中最薄部位的厚度。

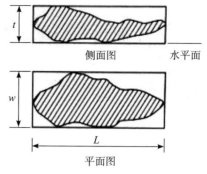

图 1-6　针片状颗粒稳定状态

五、计算

按式(1-19)计算针片状颗粒含量。

$$Q_e = \frac{m_1}{m_0} \times 100 \qquad (1\text{-}19)$$

式中:Q_e——针片状颗粒含量,%;

m_0——试验用的集料总质量,g;

m_1——针片状颗粒的质量,g。

六、报告

1. 试验要平行测定两次,计算两次结果的平均值。如两次结果之差小于平均值的 20%,取平均值为试验值;如大于或等于 20%,应追加测定一次,取三次结果的平均值为测定值。

2. 试验报告应报告集料的种类、产地、岩石名称、用途。

七、注意事项

为保证样品有代表性,来料用分料器或四分法缩分至要求的试样所需量。

八、实训报告

提交实训报告 7。

实训报告 7　粗集料针片状颗粒含量试验(游标卡尺法)记录

集料记录：　　　　　　　　　　　　　试验编号：

工程名称		施工标段	
施工单位		工程部位	
监理单位		试验仪器	
试验依据		试验日期	
取样地点、日期		代表数量/kg	
集料产地		品种规格	

样品总质量 m_0/g							
集料粒径	各级质量/g	针状质量/g	片状质量/g	合计质量 m_1/g	针状含量/%	片状含量/%	合计含量/%

针状颗粒含量/%		片状颗粒总含量/%	
针、片状颗粒总质量/g		针、片状颗粒总含量/%	

备注：	监理意见： 签名： 日期：

复核：　　　　　　　　计算：　　　　　　　　试验：

平行试验误差：

实训总结：

实训八　粗集料压碎值试验
（T 0316—2005）

一、概述

石料压碎值是指按规定方法测得的石料抵抗压碎的能力,以压碎试验后小于规定粒径的石料质量百分率表示。粗集料的抗破碎能力是石料力学性质的一项指标,压碎值越大,抗破碎能力越差。

二、目的及适用范围

集料压碎值用于衡量石料在逐渐增加的荷载下抵抗压碎的能力,是衡量石料力学性质的指标,评定其在工程中的适用性。

三、仪具与材料

1. 石料压碎值试验仪:由内径 150 mm、两端开口的钢制圆形试筒、压柱和底板组成,其形状和尺寸见图 1-7 和表 1-11。试筒内壁、压柱的底面及底板的上表面等与石料接触的表面都应进行热处理,使表面硬化,达到维氏硬度 65°并保持光滑状态。

2. 金属棒:直径 10 mm,长 450～600 mm,一端加工成半球形。

3. 天平:称量 2～3 kg,感量不大于 1 g。

4. 标准筛:筛孔尺寸 13.2 mm、9.5 mm、2.36 mm 方孔筛各1 个。

5. 压力机:500 kN,应能在 10 min 内达到 400 kN。

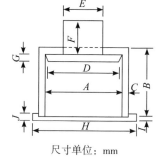

尺寸单位: mm

图 1-7　压碎指标值测定仪

6. 金属筒:圆柱形,内径 112.0 mm,高 179.4 mm,容积 1767 cm³。

表 1-11　试筒、压柱和底板尺寸

部　位	符　号	名　称	尺寸/mm
试筒	A	内径	150±0.3
	B	高度	125～128
	C	壁厚	≥12
压柱	D	压头直径	149±0.2
	E	压杆直径	100～149
	F	压柱总长	100～110
	G	压头厚度	≥25
底板	H	直径	200～220
	I	厚度(中间部分)	6.4±0.2
	J	边缘厚度	10±0.2

四、试样制备

1. 采用风干石料用 13.2 mm 和 9.5 mm 标准筛过筛,取 9.5～13.2 mm 的试样 3 组,各 3000 g,供试验用。如过于潮湿需加热烘干时,烘箱温度不应超过 100 ℃,烘干时间不超过 4 h。试验前,石料应冷却至室温。

2. 每次试验的石料数量,应满足按下述方法夯击后石料在试筒内的深度(10 cm)。在金属筒中确定石料数量的方法如下:

将试样分 3 次(每次数量大体相同)均匀装入试模中,每次均将试样表面整平,用金属棒的半球面端从石料表面上均匀捣实 25 次,最后用金属棒作为直刮刀将表面仔细整平。称取量筒中试样质量(m_0),以相同质量的试样进行压碎值的平行试验。

五、试验步骤

1. 将试筒安放在底板上。

2. 将上面所得试样分 3 次(每次数量相同)倒入试筒中,每次均将试样表面整平,用金属棒的半球面端从石料表面上均匀捣实 25 次,最后用金属棒作为直刮刀将表面仔细整平。

3. 将装有试样的试模放到压力机上,同时加压头放入试筒内石料面上,注意使压头摆平,勿楔挤试模侧壁。

4. 开动压力机,均匀地施加荷载,在 10 min 时达到总荷载 400 kN,稳压 5 s,然后卸载。

5. 将试模从压力机上取下,取出试样。

6. 用 2.36 mm 标准筛筛分经压碎的全部试样,可分几次筛分,均需筛到在 1 min 内无明显的筛出物为止。

7. 称取通过 2.36 mm 筛孔的全部细料质量(m_1),准确至 1 g。

六、计算

石料压碎值按式(1-20)计算,准确至 0.1%。

$$Q'_a = \frac{m_1}{m_0} \times 100 \tag{1-20}$$

式中:Q'_a——石料压碎值,%;

　　　m_0——试验前试样质量,g;

　　　m_1——试验后通过 2.36 mm 筛孔的细料质量,g。

七、报告

以 3 次平行试验结果的算术平均值作为压碎值的测定值。

八、注意事项

1. 试验过程中要均匀控制压力机的速率,切不可忽快忽慢,影响最终试验数据。

2. 平行试验的质量应相同。

九、实训报告

提交实训报告 8。

粗集料压碎值试验

实训报告 8　粗集料压碎值试验记录

集料记录：　　　　　　　　　　　　　　试验编号：

工程名称		施工标段	
施工单位		工程部位	
监理单位		试验仪器	
试验依据		试验日期	
取样地点、日期		代表数量/kg	
集料产地		品种规格	
试验次数	试样总质量 m_0/g	试验后通过 2.36 mm 筛孔的细料质量 m_1/g	压碎值 Q'_a/%	压碎值平均值/%
1				
2				
3				
备注：		监理意见： 签名： 日期：		

复核：　　　　　　　　计算：　　　　　　　　试验：

实训总结：

实训九　粗集料磨耗试验(洛杉矶法)
(T 0317—2005)

一、概述

石料磨耗值是指按规定方法测得的石料抵抗磨耗作用的能力,其测定方法有洛杉矶法、道瑞法和狄法尔法等。粗集料的洛杉矶磨耗损失是集料使用性能的重要指标,尤其是沥青混合料和基层集料,它与沥青路面的抗车辙能力、耐磨性,耐久性密切相关,一般磨耗损失小的集料,集料坚硬,耐磨,耐久性好。

二、目的及适用范围

1. 测定标准条件下粗集料抵抗摩擦、撞击的能力,以磨耗损失(%)表示。

2. 本方法适用于各种等级规格集料的磨耗试验。

三、仪具与材料

1. 洛杉矶磨耗试验机:圆筒内径 710 mm±5 mm,内侧长 510 mm±5 mm,两端封闭,投料口的钢盖通过紧固螺栓和橡胶垫与钢筒紧闭密封。钢筒的回转速率为 30～33 r/min。

2. 钢球:直径约 46.8 mm,质量为 390～445 g,大小稍有不同,以便按需组合成符合要求的总质量。

3. 台秤:称量 10 kg,感量 5 g。

4. 标准筛:符合要求的标准筛系列,以及筛孔为 1.7 mm 的方孔筛一个。

5. 烘箱:能使温度控制在 105 ℃±5 ℃ 范围内。

6. 容器:搪瓷盘等。

四、试验步骤

1. 将不同规格的集料用水冲洗干净,置烘箱中烘干至恒重。

2. 对所使用的集料,根据实际情况按表 1-12 选择最接近的粒级类别,确定相应的试验条件,按规定的粒级组成备料,筛分。其中水泥混凝土用集料宜采用 A 级粒度;沥青路面及各种基层、底基层的粗集料,表中的 16 mm 筛孔也可用 13.2 mm 筛孔代替。对非规格材料,应根据材料的实际粒度,从表 1-12 中选择最接近的粒级类别及试验条件。

表 1-12　粗集料洛杉矶试验条件

粒度类别	粒级组成/mm	试样质量/g	试样总质量/g	钢球数量(个)	钢球总质量/g	转动次数(转)	适用的粗集料 规格	适用的粗集料 公称粒径/mm
A	26.5～37.5 19.0～26.5 16.0～19.0 9.5～16.0	1250±25 1250±25 1250±10 1250±10	5000±10	12	5000±25	500		
B	19.0～26.5 16.0～19.0	2500±10 2500±10	5000±10	11	4850±25	500	S6 S7 S8	15～30 10～30 15～25
C	4.75～9.5 9.5～16.0	2500±10 2500±10	5000±10	8	3330±20	500	S9 S10 S11 S12	10～20 10～15 5～15 5～10
D	2.36～4.75	5000±10	5000±10	6	2500±15	500	S13 S14	3～10 3～5
E	63～75 53～63 37.5～53	2500±50 2500±50 5000±50	10000±100	12	5000±25	1000	S1 S2	40～75 40～60
F	37.5～53 26.5～37.5	5000±50 5000±25	10000±75	12	5000±25	1000	S3 S4	30～60 25～50
G	26.5～37.5 19～26.5	5000±25 5000±25	10000±50	12	5000±25	1000	S5	20～40

注:①表中 16 mm 也可用 13.2 mm 代替。②A 级适用于未筛碎石混合料及水泥混凝土用集料。③C 级中 S12 可全部采用 4.75～9.5 mm 颗粒 5000 g,S9 及 S10 可全部采用 9.5～16 mm 颗粒 5000 g。④E 级中 S2 中缺 63～75 mm 颗粒,可用 53～63 mm 颗粒代替。

3. 分级称量(准确至 5 g),称取总质量(m_1),装入磨耗机之圆筒中。

4. 选择钢球,使钢球的数量及总质量符合表 1-12 规定。将钢球加入钢筒中,盖好筒盖,紧固密封。

5. 将计数器调整到零位,设定要求的回转次数,对水泥混凝土集料,回转次数为 500 转;对沥青混合料集料,回转次数应符合表 1-12 的要求。开动磨耗机,以 30～33 r/min 的转速转动至要求的回转次数为止。

6. 取出钢球,将经过磨耗后的试样从投料口倒入接收容器(搪瓷盘)中。

7. 将试样用 1.7 mm 的方孔筛过筛,筛去试样中被撞击磨碎的细屑。

8. 用水冲干净留在筛上的碎石,置 105 ℃±5 ℃烘箱中烘干至恒重(通常不少于 4 h),准确称量(m_2)。

五、计算

按式(1-21)计算粗集料洛杉矶磨耗损失,精确至 0.1%:

$$Q = \frac{m_1 - m_2}{m_1} \times 100 \tag{1-21}$$

式中:Q——洛杉矶磨耗损失,%;

　　　m_1——装入圆筒中的试样质量,g;

　　　m_2——试验后在 1.7 mm 筛上洗净烘干的试样质量,g。

六、报告

1. 试验报告应记录所使用的粒级类别和试验条件。

2. 粗集料的磨耗率取两次平行试验结果的算术平均值作为测定值。两次试验误差应不大于 2%,否则需重做试验。

七、实训报告

提交实训报告 9。

粗集料磨耗试验

实训报告9 粗集料磨耗试验(洛杉矶法)记录

集料记录：   试验编号：

工程名称		施工标段	
施工单位		工程部位	
监理单位		试验仪器	
试验依据		试验日期	
取样地点、日期		代表数量/kg	
集料产地		品种规格	

试验次数	试样总质量 m_1/g	试验后在 1.7 mm 筛上洗净烘干的试样质量 m_2/g	洛杉矶磨耗损失 Q/%	平均值/%
1				
2				

备注：

监理意见：

签名：

日期：

复核：   计算：   试验：

平行试验误差：

实训总结：

实训十　粗集料软弱颗粒试验

（T 0320—2005）

一、目的及适用范围

粗集料软弱颗粒含量是粗集料中破裂颗粒质量占试验质量比,软弱颗粒含量越大说明抗破碎能力越差。不同层次、不同等级沥青混合料路面对粗集料软石含量都有相应的规定。

二、目的及适用范围

测定碎石、砾石及破碎砾石中软弱颗粒含量。

三、仪具与材料

1. 天平或台秤:称量 5 g,感量不大于 5 g。
2. 标准筛:孔径为 4.75 mm、9.5 mm、16 mm 方孔筛。
3. 压力机。
4. 其他:浅盘、毛刷等。

四、试验步骤

称风干试样 2 kg(m_1),如颗粒粒径大于 31.5 mm,则称 4 kg,过筛分成 4.75～9.5 mm、9.5～16 mm、16 mm 以上各 1 份;将每份中每一个颗粒大面朝下稳定平放在压力机平台中心,按颗粒大小分别加以 0.15 kN、0.25 kN、0.34 kN 荷载,破裂之颗粒即属于软弱颗粒,将其弃去,称出未破裂颗粒的质量(m_2)。

五、计算

按式(1-22)计算软弱颗粒含量,精确至 0.1%:

$$P = \frac{m_1 - m_2}{m_1} \times 100 \tag{1-22}$$

式中:P——粗集料的软弱颗粒含量,%;

m_1——各粒级颗粒总质量,g;

m_2——试验后各粒级完好颗粒总质量,g。

六、实训报告

提交实训报告 10。

实训报告 10　粗集料软弱颗粒试验记录

集料记录：　　　　　　　　　　　　　试验编号：

工程名称		施工标段	
施工单位		工程部位	
监理单位		试验仪器	
试验依据		试验日期	
取样地点、日期		代表数量/kg	
集料产地		品种规格	

集料粒径	风干试样总质量 m_1/g	各粒级完好颗粒质量/g	试验后各粒级完好颗粒总质量 m_2/g	粗集料的软弱颗粒含量/%

备注：	监理意见： 签名： 日期：

复核：　　　　　　　计算：　　　　　　　试验：

实训总结：

实训十一　细集料筛分试验
（T 0327—2005）

一、目的和适用范围

测定细集料（天然砂、人工砂、石屑）的颗粒级配及粗细程度。对水泥混凝土用细集料可采用干筛法，如果需要也可采用水洗法筛分；对沥青混合料及基层用细集料必须用水洗法筛分。

二、仪具与材料

1. 标准筛。
2. 天平：称量 1000 g，感量不大于 0.5 g。
3. 摇筛机。
4. 烘箱：能控温在 105 ℃±5 ℃。
5. 其他：浅盘和硬、软毛刷等。

细集料筛分试验

三、试样制备

根据样品中最大粒径的大小，选用适宜的标准筛，通常为 9.5 mm 筛（水泥混凝土用天然砂）或 4.75 mm 筛（沥青路面及基层用天然砂、石屑、机制砂等）筛除其中的超粒径材料。然后将样品在潮湿状态下充分拌匀，用分料器或四分法缩分至每份不少于 550 g 的试样两份，在 105 ℃±5 ℃的烘箱中烘干至恒重，冷却至室温后备用。

四、试验步骤

1. 干筛法试验步骤

（1）称取烘干试样约 500 g（m_1），准确至 0.5 g。置于套筛的最上一只筛，即 4.75 mm 筛上，将套筛装入摇筛机，摇筛约 10 min，然后取出套筛，再按筛孔大小顺序，从最大的筛号开始，在清洁的浅盘上逐个进行手筛，直到每分钟的筛出量不超过筛上剩余量的 0.1％时为止；将筛出通过的颗粒并入下一号筛，和下一号筛中的试样一起过筛，这样顺序进行，直到各号筛全部筛完为止。

注：①若试样为特细砂，其质量可减少到 100 g。②如试样含泥量超过 5％，不宜采用干筛法。③无摇筛机时，可直接用手筛。

（2）称量各筛筛余试样的质量，精确至 0.5 g。所有各筛的分计筛余量和底盘中剩余量的总量与筛分前的试样总量相比，其相差不得超过 1％。

2. 水洗法试验步骤

（1）称取烘干试样约 500 g（m_1），准确至 0.5 g。

（2）将试样置一洁净容器中，加入足够数量的洁净水，将集料全部盖没。

（3）用搅棒充分搅动集料，使集料表面洗涤干净，使细粉悬浮在水中，但不得有集料从水中溅出。

（4）用 1.18 mm 筛及 0.075 mm 筛组成套筛,仔细将容器中混有细粉的悬浮液徐徐倒出,经过套筛流入另一容器中,但不得将集料倒出。

注:不可直接倒至 0.075 mm 筛上,以免集料掉出损坏筛面。

（5）重复步骤(2)～(4),直至倒出的水洁净为止。

（6）将容器中的集料倒入搪瓷盘中,用少量水冲洗,使容器上黏附的集料颗粒全部进入搪瓷盘中。将筛子反扣过来,用少量的水将筛上的集料冲洗入搪瓷盘中。操作过程中不得有集料散失。

（7）将搪瓷盘连同集料一起置于 105 ℃±5 ℃烘箱中烘干至恒重,称取干燥集料试样的总质量(m_2),准确至 0.1%。m_1 与 m_2 之差即为通过 0.075 mm 部分。

（8）将全部要求筛孔组成套筛(但不需 0.075 mm 筛),将已经洗去小于 0.075 mm 部分的干燥集料置于套筛上(一般为 4.75 mm 筛),将套筛装入摇筛机,摇筛约 10 min,然后取出套筛,再按筛孔大小顺序,从最大的筛号开始,在清洁的浅盘上逐个进行手筛,直至每分钟的筛出不超过筛上剩余量的 0.1%时为止,将筛出通过的颗粒并入下一号筛,和下一号筛中的试样一起过筛,这样顺序进行,直到各号筛全部筛完为止。

（9）称量各筛筛余试样的质量,精确至 0.5 g。所有各筛的分计筛余量和底盘中剩余量的总质量与筛分前试样总量 m_2 相比,相差不得超过 1%。

五、计算

1. 分计筛余百分率

各号筛的分计筛余百分率为各号筛上的筛余量除以试样总量(m_1)的百分率,准确至 0.1%。对沥青路面细集料而言,0.15 mm 筛下部分即为 0.075 mm 的分计筛余,由试验步骤(7)测得 m_1 与 m_2 之差,即为小于 0.075 mm 的筛底部分。

2. 累计筛余百分率

各号筛的累计筛余百分率为该号筛及大于该号筛的各号筛的分计筛余百分率之和,准确至 0.1%。

3. 质量通过百分率

各号筛的质量通过百分率等于 100 减去该号筛的累计筛余百分率,准确至 0.1%。

4. 根据各筛的累计筛余百分率或通过百分率,绘制级配曲线。

5. 天然砂的细度模数按式(1-23)计算,精确到 0.01。

$$M_x = \frac{(A_{0.15}+A_{0.3}+A_{0.6}+A_{1.18}+A_{2.36})-5A_{4.75}}{100-A_{4.75}} \tag{1-23}$$

式中:M_x——砂的细度模数;

$A_{0.15}$,$A_{0.3}$,…,$A_{4.75}$——分别为 0.15 mm,0.3 mm,…,4.75 mm 各筛上的累计筛余百分率,%。

6. 应进行两次平行试验,以试验结果的算术平均值作为测定值。如两次试验所得的细度模数之差大于 0.2,应重新进行试验。

六、注意事项

1. 为保证样品有代表性,来料用分料器或四分法缩分至要求的试样所需量。

2. 摇筛机筛分后需逐个由人工补筛。

3. 沥青混合料及基层用细集料必须用水筛法确定小于 0.075 mm 的含量,因为其直接影响添加矿粉的量。

七、实训报告

提交实训报告 11。

实训报告 11　细集料筛分试验记录

集料记录：　　　　　　　　　　　　　试验编号：

工程名称					施工标段				
施工单位					工程部位				
监理单位					试验仪器				
试验依据					试验日期				
取样地点、日期					代表数量/kg				
集料产地					品种规格				
干燥集料总质量 m_0/g	第1组				第2组				平均
筛孔尺寸/mm	筛上质量/g	分计筛余/%	累计筛余/%	通过百分率/%	筛上质量/g	分计筛余/%	累计筛余/%	通过百分率/%	通过百分率/%
4.75									
2.36									
1.18									
0.6									
0.3									
0.15									
0.075									
筛底									
筛后总量/g									
细度模数									
备注：					监理意见： 签名： 日期：				

复核：　　　　　　　　计算：　　　　　　　　试验：

平行试验误差：

实训总结：

实训十二　细集料表观密度试验(容量瓶法)

(T 0328—2005)

一、概述

表观密度(视密度)是指单位体积(含材料的实体矿物成分及闭口孔隙体积)物质颗粒的干质量;表观相对密度是指表观密度与同温度水的密度之比值。水泥混凝土用细集料要求表观密度大于或等于规定值。沥青混合料用细集料要求表观相对密度不小于规定值。

二、目的和适用范围

用容量瓶法测定细集料(天然砂、石屑、机制砂)在 23 ℃时对水的表观相对密度和表观密度。本方法适用于含有少量大于 2.36 mm 部分的细集料。

三、仪具与材料

1. 天平:称量 1 kg,感量不大于 1 g。

2. 容量瓶:500 mL。

3. 烘箱:能控温 105 ℃±5 ℃。

4. 烧杯:500 mL。

5. 洁净水。

6. 其他:干燥器、浅盘、铝制料勺、温度计等。

四、试验准备

将缩分至 650 g 左右的试样在温度为 105 ℃±5 ℃的烘箱中烘干至恒重,并在干燥器内冷却至室温,分成两份备用。

五、试验步骤

1. 称取烘干的试样约 300 g(m_0),装入盛有半瓶洁净水的容量瓶中。

2. 摇转容量瓶,使试样在已保温至 23 ℃±1.7 ℃的水中充分搅动以排除气泡,塞紧瓶塞,在恒温条件下静置 24 h 左右,然后用滴管添水,使水面与瓶颈刻度线平齐,再塞紧瓶塞,擦干瓶外水分,称其总质量(m_2)。

3. 倒出瓶中的水和试样,将瓶的内外表面洗净,再向瓶内注入同样温度的洁净水(温差不超过 2 ℃)至瓶颈刻度线,塞紧瓶塞,擦干瓶外水分,称其总质量(m_1)。

注:在砂的表观密度试验过程中应测量并控制水的温度,试验期间的温差不得超过 1 ℃。

六、计算

1. 细集料的表观相对密度按式(1-24)计算,结果保留至小数点后 3 位。

$$\gamma_a = \frac{m_0}{m_0 + m_1 - m_2} \qquad (1\text{-}24)$$

式中：γ_a——砂的表观相对密度，无量纲；

　　　m_0——试样的烘干质量，g；

　　　m_1——水及容量瓶总质量，g；

　　　m_2——试样、水及容量瓶总质量，g。

2. 表观密度 ρ_a 按式(1-25)计算，准确至小数点后 3 位。

$$\rho_a = \gamma_a \times \rho_T \text{ 或 } \rho_a = (\gamma_a - \alpha_T) \times \rho_w \qquad (1\text{-}25)$$

式中：ρ_a——砂的表观密度，g/cm^3；

　　　ρ_w——水在 4 ℃时的密度，g/cm^3；

　　　α_T——试验时水温对水密度影响的修正系数，按表 1-13 取用；

　　　ρ_T——试验温度 T 时水的密度，g/cm^3，按表 1-13 取用。

表 1-13　不同水温时水的密度 ρ_T 及水温修正系数 α_T

水温 $T/℃$	15	16	17	18	19	20
水的密度 $\rho_T/(g/cm^3)$	0.99913	0.99897	0.99880	0.99862	0.99843	0.99822
水温修正系数 α_T	0.002	0.003	0.003	0.004	0.004	0.005
水温 $T/℃$	21	22	23	24	25	
水的密度 $\rho_T/(g/cm^3)$	0.99802	0.99779	0.99756	0.99733	0.99702	
水温修正系数 α_T	0.005	0.006	0.006	0.007	0.007	

七、报告

以两次平行试验结果的算术平均值作为测定值，如两次结果之差值大于 $0.01 \, g/cm^3$ 时，应重新取样进行试验。

八、注意事项

1. 为保证样品有代表性，来料应缩分至要求的试样所需量。
2. 水温保持在 23 ℃±1.7 ℃；试验过程中摇转容量瓶，充分搅动以排除气泡。

九、实训报告

提交实训报告 12。

实训报告 12　细集料表观密度试验(容量瓶法)记录

集料记录：　　　　　　　　　　　　试验编号：

工程名称		施工标段	
施工单位		工程部位	
监理单位		试验仪器	
试验依据		试验日期	
取样地点、日期		代表数量/kg	
集料产地		品种规格	
水温/℃		水温修正系数	

编号	1	2	平均值
集料的烘干质量 m_0/g			—
试样、水及容量瓶总质量 m_2/g			—
水及容量瓶总质量 m_1/g			—
表观相对密度 γ_a			
表观密度 ρ_a(g/cm^3)			

备注：	监理意见： 签名： 日期：

复核：　　　　　　　　计算：　　　　　　　　试验：

平行试验误差：

实训总结：

实训十三 细集料密度及吸水率试验

（T 0330—2005）

一、概述

可参见本书模块一实训三。

二、目的和适用范围

1. 用坍落筒法测定细集料（天然砂、机制砂、石屑）在 23 ℃时对水的毛体积相对密度、表观相对密度、表干相对密度（饱和面干相对密度）。

2. 用坍落筒法测定细集料（天然砂、机制砂、石屑）处于饱和面干状态时的吸水率。

3. 用坍落筒法测定细集料（天然砂、机制砂、石屑）的毛体积密度、表观密度、表干密度（饱和面干密度）。

4. 本方法适用于 2.36 mm 以下的细集料。当含有大于 2.36 mm 的成分时，如0～4.75 mm 石屑，宜采用 2.36 mm 的标准筛进行筛分，其中大于 2.36 mm 的部分采用 T 0304"粗集料密度与吸水率测定方法"测定，小于 2.36 mm 的部分用本方法测定。

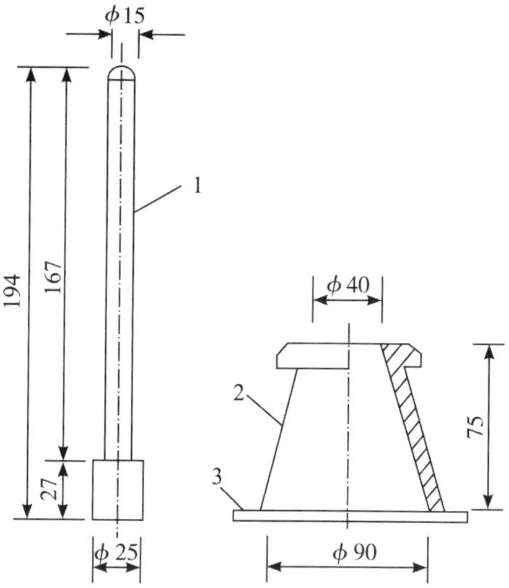

三、仪具与材料

1. 天平：称量 1 kg，感量不大于 0.1 g。

2. 饱和面干试模：上口径 40 mm±3 mm，下口径 90 mm±3 mm，高 75 mm±3 mm 的坍落筒（图 1-8）。

3. 捣棒：金属棒，直径 25 mm±3 mm，质量 340 g±15 g（图 1-8）。

4. 烧杯：500 mL。

5. 容量瓶：500 mL。

6. 烘箱：能控温在 105 ℃±5 ℃。

7. 洁净水，温度为 23 ℃±1.7 ℃。

8. 其他：干燥器、吹风机（手提式）、浅盘、铝制料勺、玻璃棒、温度计等。

尺寸单位：mm

1—捣棒；2—试模；3—玻璃板

图 1-8 饱和面干试模及其捣棒

四、试验准备

1. 将来样用 2.36 mm 标准筛过筛，除去大于 2.36 mm 的部分。在潮湿状态下用分料器法或四分法缩分细集料至每份约1000 g，拌匀后分成两份，分别装入浅盘或其他合适的容器中。

2. 注入洁净水,使水面高出试样表面 20 mm 左右(测量水温并控制在 23 ℃±1.7 ℃),用玻璃棒搅拌 5 min,以排除气泡,静置 24 h。

3. 细心地倒去试样上部的水,但不得将细粉部分倒走,并用吸管吸去余水。

4. 将试样在盘中摊开,用手提吹风机缓缓吹入暖风,并不断翻拌试样,使集料表面的水在各部位均匀蒸发,达到估计的饱和面干状态。注意吹风过程中不得使细粉损失。

5. 将试样松散地一次装入饱和面干试模中,用捣棒轻捣 25 次,捣棒端面距试样表面距离不超过 10 mm,使之自由落下,捣完后刮平模口,如留有空隙亦不必再装满。

6. 从垂直方向徐徐提起试模,如试样保留锥形没有坍落,则说明集料中尚含有表面水,应继续按上述方法用暖风干燥、试验,直至试模提起后试样开始出现坍落为止。如试模提起后试样坍落过多,则说明试样已干燥过分,此时应将试样均匀洒水约 5 mL,经充分拌匀,并静置于加盖容器中 30 min 后,再按上述方法进行试验,至达到饱和面干状态为止。判断饱和面干状态的标准,对天然砂,宜以"在试样中心部分上部成为 2/3 左右的圆锥体,即大致坍塌 1/3 左右"作为标准状态;对机制砂和石屑,宜以"当移去坍落筒第一次出现坍落时的含水率,即最大含水率作为试样的饱和面干状态"。

五、试验步骤

1. 立即称取饱和面干试样约 300 g(m_3)。

2. 将试样迅速放入容量瓶中,勿使水分蒸发和集料粒散失,而后加洁净水至约 450 mL 刻度处,转动容量瓶排除气泡后,再仔细加水至 500 mL 刻度处,塞紧瓶塞,擦干瓶外余水,称其总量(m_2)。

3. 全部倒出集料试样,洗净瓶内外,用同样的水(每次需测量水温,宜为 23 ℃±1.7 ℃,两次水温相差不大于 2 ℃),加至 500 mL 刻度处,塞紧瓶塞,擦干瓶外余水,称其总量(m_1)。将倒出的集料样置 105 ℃±5 ℃的烘箱中烘干至恒重,在干燥器内冷却至室温后,称取干样的质量(m_0)。

六、计算

1. 细集料的表观相对密度 γ_a、表干相对密度 γ_s 及毛体积相对密度 γ_b 按式(1-26)、(1-27)、(1-28)计算,结果保留至小数点后 3 位。

$$\gamma_a = \frac{m_0}{m_0 + m_1 - m_2} \tag{1-26}$$

$$\gamma_s = \frac{m_3}{m_3 + m_1 - m_2} \tag{1-27}$$

$$\gamma_b = \frac{m_0}{m_3 + m_1 - m_2} \tag{1-28}$$

式中:γ_a——集料的表观相对密度,无量纲;

$\qquad \gamma_s$——集料的表干相对密度,无量纲;

$\qquad \gamma_b$——集料的毛体积相对密度,无量纲;

$\qquad m_0$——集料的烘干后质量,g;

$\qquad m_1$——水、瓶总质量,g;

m_2——饱和面干试样、水、瓶总质量,g;

m_3——饱和面干试样质量,g。

2. 细集料的表观密度(视密度)ρ_a、表干密度 ρ_s、毛体积密度 ρ_b 按式(1-29)、(1-30)、(1-31)计算,准确至小数点后 3 位。

$$\rho_a = (\gamma_a - \alpha_T) \times \rho_w \qquad (1\text{-}29)$$

$$\rho_s = (\gamma_s - \alpha_T) \times \rho_w \qquad (1\text{-}30)$$

$$\rho_b = (\gamma_b - \alpha_T) \times \rho_w \qquad (1\text{-}31)$$

式中:ρ_a——集料的表观密度,g/cm³;

ρ_s——集料的表干密度,g/cm³;

ρ_b——集料的毛体积密度,g/cm³;

ρ_w——水在 4 ℃时的密度(1.000 g/cm³)。

α_T——试验时水温对水密度影响的修正系数,按表 1-13 取用。

细集料密度及
吸水率试验

3. 细集料的吸水率按式(1-32)计算,精确至 0.01%。

$$w_x = \frac{m_3 - m_0}{m_3} \times 100 \qquad (1\text{-}32)$$

式中:w_x——集料的吸水率,%;

m_3——饱和面干试样质量,g;

m_0——集料的烘干后质量,g。

4. 如因特殊需要,需以饱和面干状态的试样为基准求取细集料的吸水率时,细集料的饱和面干吸水率按式(1-33)计算,精确至 0.01%,但需在报告中注明。

$$w'_x = \frac{m_3 - m_0}{m_3} \times 100 \qquad (1\text{-}33)$$

式中:w'_x——集料的吸水率,%;

m_3——饱和面干试样质量,g。

m_0——集料的烘干后质量,g;

七、精度与允许差

1. 毛体积密度及饱和面干密度以两次平行试验结果的算术平均值为测定值,如两次结果与平均值之差大于 0.01 g/cm³ 时,应重新取样进行试验。

2. 吸水率以两次平行试验结果的算术平均值作为测定值,如两次结果与平均值之差大于 0.02%,应重新取样进行试验。

八、注意事项

1. 为保证样品有代表性,来料用分料器或四分法缩分至要求的试样所需量。

2. 水温保持 23 ℃±1.7 ℃,充分搅动以排除气泡。

3. 注意天然砂、机制砂和石屑饱和面干状态的判断标准不一样。

九、实训报告

提交实训报告 13。

实训报告 13　细集料密度及吸水率试验记录

集料记录：　　　　　　　　　　　　　　试验编号：

工程名称		施工标段	
施工单位		工程部位	
监理单位		试验仪器	
试验依据		试验日期	
取样地点、日期		代表数量/kg	
集料产地		品种规格	
水温/℃		水温修正系数	

编号	1	2	平均值
饱和面干试样质量 m_3/g			—
饱和面干试样、水、瓶总质量 m_2/g			—
水、瓶总质量 m_1/g			—
试样烘干后质量 m_0/g			—
集料的吸水率 w'_x/%			
表观相对密度 γ_a			
毛体积相对密度 γ_b			
表干相对密度 γ_s			
表观密度 ρ_a/(g/cm³)			
毛体积密度 ρ_b/(g/cm³)			
表干密度 ρ_s/(g/cm³)			

备注：	监理意见： 签名： 日期：

复核：　　　　　　　计算：　　　　　　　试验：

平行试验误差：

实训总结：

实训十四　细集料堆积密度及紧装密度试验

（T 0333—2005）

一、概述

堆积密度是指单位体积(含物质颗粒固体及其闭口、开口孔隙体积及颗粒间空隙体积)物质颗粒的质量。

为使水泥混凝土和沥青混合料等具备优良的路用性能,除集料的技术性质要符合要求外,集料混合料还必须满足最小空隙率和最大摩擦力的基本要求。

水泥混凝土用细集料的松散堆积密度要大于等于规定的值。

二、目的和适用范围

测定砂自然状态下堆积密度、紧装密度及空隙率。

三、仪器设备

1. 台秤:称量 5 kg,感量 5 g。

2. 容量筒:金属制,圆筒形,内径 108 mm,净高 109 mm,筒壁厚 2 mm,筒底厚 5 mm,容积 1 L。

3. 标准漏斗(图 1-9)。

4. 烘箱:能使温度控制在 105±5 ℃。

5. 其他:小勺、直尺、浅盘等。

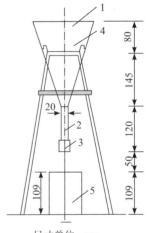

尺寸单位:mm

1—漏斗;2—φ20 mm 管子;3—活动门;4—筛;5—金属量筒

图 1-9　标准漏斗

四、试样制备

1. 用浅盘装来样约 5 kg,在温度为 105±5 ℃的烘箱中烘干至恒重,取出并冷却至室温,分成大致相等的两份备用。

2. 容量筒容积的校正方法:以温度以 20 ℃±5 ℃的洁净水装满容量筒,用玻璃板沿筒口滑移,使其紧贴水面,玻璃板与水面之间不得有空隙。擦干筒外壁余水,然后称量,用式(1-34)计算筒的容积 V。

$$V = m_2' - m_1' \qquad (1\text{-}34)$$

式中:V——筒的容积,mL;

m_1'——容量筒和玻璃板总质量,g;

m_2'——容量筒、玻璃板和水总质量,g。

注:试样烘干后如有结块,应在试验前先予捏碎。

五、试验步骤

1. 堆积密度:将试样装入漏斗中,打开底部的活动门,将砂流入容量筒中,也可直接用小勺向容量筒中装试样,但漏斗出料口或料勺距容量筒筒口均应为 50 mm 左右;试样装满并超出容量筒筒口后,用直尺将多余的试样沿筒口中心线向两个相反方向刮平,称取质量(m_1)。

2. 紧装密度:取试样 1 份,分两层装入容量筒,装完一层后,在筒底垫放一根直径为 10 mm 的钢筋,将筒按住,左右交替颠击地面各 25 下,然后再装入第二层。第二层装满后用同样方法颠实(但筒底所垫钢筋的方向应与第一层放置方向垂直)。两层装完并颠实后,加料直至试样超出容量筒筒口,然后用直尺将多余的试样沿筒口中心线向两个相反方向刮平,称其质量(m_2)。

六、计算

1. 堆积密度及紧装密度分别按式(1-35)、(1-36)计算,结果保留至小数点后 3 位。

$$\rho = \frac{m_1 - m_0}{V} \tag{1-35}$$

$$\rho' = \frac{m_2 - m_0}{V} \tag{1-36}$$

式中:ρ——砂的堆积密度,g/cm^3;

　　　ρ'——砂的紧装密度,g/cm^3;

　　　m_0——容量筒的质量,g;

　　　m_1——容量筒和堆积密度砂总质量,g;

　　　m_2——容量筒和紧装密度砂总质量,g;

　　　V——容量筒容积,mL。

2. 砂的空隙率按式(1-37)计算,精确至 0.1%。

$$n = \left(1 - \frac{\rho}{\rho_a}\right) \times 100 \tag{1-37}$$

式中:n——砂的空隙率,%;

　　　ρ——砂的堆积或紧装密度,g/cm^3;

　　　ρ_a——砂的表观密度,g/cm^3。

七、报告

以两次试验结果的算术平均值作为测定值。

八、注意事项

1. 自然堆积密度测定,保持漏斗出料口或料勺距容量筒筒口均应为 50 mm。

2. 紧装密度测定将试样分三层装入容量筒时每层应将容量筒左右颠击地面各 25 次,且第二层筒底所垫钢筋的方向应与第一层放置方向垂直。

3. 容量筒容积的校正时玻璃板与水面之间不得有空隙。

九、实训报告

提交实训报告 14。

细集料堆积密度及
紧装密度试验

实训报告 14 细集料堆积密度及紧装密度试验记录

集料记录：　　　　　　　　　　　　　试验编号：

工程名称		施工标段		
施工单位		工程部位		
监理单位		试验仪器		
试验依据		试验日期		
取样地点、日期		代表数量/kg		
集料产地		品种规格		
堆积密度	容量筒的体积 V/mL	容量筒的质量 m_1/g	容量筒与试样的总质量 m_2/g	密度 /(g/cm³)	平均值 /(g/cm³)
堆积密度					
紧装密度					
容量筒和玻璃板总质量 m_1'/g					
容量筒、玻璃板和水总质量 m_2'/g					
空隙率 n/％					
备注：	监理意见： 签名： 日期：				

复核：　　　　　　　计算：　　　　　　　试验：

实训总结：

实训十五 细集料砂当量试验

（T 0334—2005）

一、概述

细集料中的泥土杂物对细集料的使用性能有很大的影响,尤其是对沥青混合料,当水分进入混合料内部时遇水即会软化。细集料中小于 0.075 mm 的部分不一定是土,大部分可能是石粉或超细砂粒。为了将小于 0.075 mm 的矿粉、细砂与含泥量加以区分,需进行砂当量试验。

二、目的和适用范围

1. 本方法适用于测定天然砂、人工砂、石屑等各种细集料中所含的黏性土或杂质的含量,以评定集料的洁净程度。砂当量用 SE 表示。

2. 本方法适用于公称最大粒径不超过 4.75 mm 的集料。

三、仪具与材料

1. 仪具

(1)透明圆柱形试筒(图 1-10):透明塑料制,外径 40 mm±0.5 mm,内径 32 mm±0.25 mm,高度 420 mm±0.25 mm。在距试筒底部 100 mm、380 mm 处刻划刻度线,试筒口配有橡胶瓶口塞。

(2)冲洗管(图 1-11),由一根弯曲的硬管组成,不锈钢或冷锻钢制,其外径为 6 mm±0.5 mm,内径为 4 mm±0.2 mm。管的上部有一个开关,下部有一个不锈钢两侧带孔尖头,孔径为 1 mm±0.1 mm。

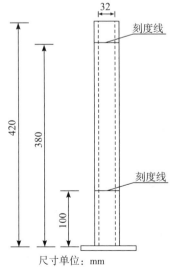

图 1-10 透明圆柱形试筒

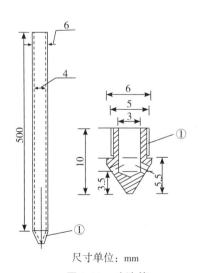

图 1-11 冲洗管

（5）配重活塞（图 1-12）：由长 440 mm±0.25 mm 的杆、直径 25 mm±0.1 mm 的底座（下面平坦、光滑、垂直杆轴）、套筒和配重组成。在活塞上有三个横向螺丝，可保持活塞在试筒中间，并使活塞与试筒之间有一条小缝隙。

套筒为黄铜或不锈钢制，厚 10 mm±0.1 mm，大小适合试筒并且引导活塞杆能标记筒中活塞下沉的位置。套筒上有一个螺钉用于固定活塞杆。配重为 1 kg±5 g。

（6）机械振荡器：可以使试筒产生横向的直线运动振荡，振幅 203 mm±1.0 mm，频率 180 次/min±2 次/min。

（7）天平：称量 1 kg，感量不大于 0.1 g。

（8）烘箱：能使温度控制在 105 ℃±5 ℃。

（9）秒表。

（10）标准筛：筛孔为 4.75 mm。

（11）温度计。

（12）广口漏斗：玻璃或塑料制，口的直径为 100 mm 左右。

（13）钢直尺：长 50 mm，刻度 1 mm。

（14）其他：量筒（500 mL）、烧杯（1 L）、塑料筒（5 L）、烧杯、刷子、盘子、刮刀、勺子等。

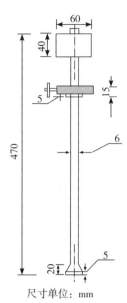

尺寸单位：mm

图 1-12　配重活塞

2. 试剂

（1）无水氯化钙（$CaCl_2$）：分析纯，含量 96%，分子量 110.99，纯品为无色立方体结晶，在水中溶解度大，溶解时放出大量热。它的水溶液呈微酸性，具有一定的腐蚀性。

（2）丙三醇（$C_3H_8O_3$）：又称甘油，分析纯，含量 98% 以上，分子量 92.09。

（3）甲醛（HCHO）：分析纯，含量 36% 以上，分子量 30.03。

（4）洁净水或纯净水。

四、试验准备

1. 试样制备

（1）将样品通过孔径 4.75 mm 筛，去掉筛上的粗颗粒部分，试样数量不少于 1000 g。如样品过分干燥，可在筛分之前加少量水分润湿（含水率约为 3%）。用包橡胶的小锤打碎土块，然后过筛，以防止将土块作为粗颗粒筛除。当粗颗粒部分被在筛分时不能分离的杂质裹覆时，应将筛上部分的粗集料进行清洗，并回收其中的细粒放入试样中。

注：在配制稀浆封层及微表处混合料时，4.75 mm 部分经常是由两种以上的集料混合而成，如由 3~5 mm 和 3 mm 以下石屑混合，或由石屑与天然砂混合组成时，可分别对每种集料按本方法测定其砂当量，然后按组成比例计算合成的砂当量。为减少工作量，通常做法是将样品按配比混合后用 4.75 mm 过筛，测定集料混合料的砂当量，以鉴定材料是否合格。

（2）测定试样含水量。试验用的样品，在测定含水量和取样试验期间不要丢失水分。由于试验是加水湿润过的，试样含水量应按现行含水量测定方法进行测量，含水量以两次测定的平均值计，准确至 0.1%。经过含水量测定的试样不得用于试验。

（3）称取试样的湿重

根据测定的含水率按式(1-38)计算相当于 120 g 干燥试样的样品湿重,准确至 0.1 g。

$$m_1 = \frac{120 \times (100 + w)}{100} \tag{1-38}$$

式中:w——集料试样的含水率,%;

　　　m_1——相当于干燥试样 120 g 时的潮湿试样的质量,g。

2. 配制冲洗液

(1)根据需要确定冲洗液的数量,通常一次配制 5 L,约可进行 10 次试验。如试验次数较少,可以按比例减少,但不宜少于 2 L,以减少试验误差。冲洗液的浓度以每升冲洗液中的氯化钙、甘油、甲醛含量分别为 2.79 g、12.12 g、0.34 g 控制。称取配制 5 L 冲洗液的各种试剂的用量:氯化钙 14.0 g,甘油 60.6 g,甲醛 1.7 g。

(2)称取无水氯化钙 14.0 g 放入烧杯中,加洁净水 30 mL,充分溶解,此时溶液温度会升高,待溶液冷却至室温,观察是否有不溶的杂质,若有杂质必须用滤纸将溶液过滤,以除去不溶的杂质。

(3)倒入适量洁净水稀释,加入甘油 60.6 g,用玻璃棒搅拌均匀后再加入甲醛 1.7 g,用玻璃棒搅拌均匀后全部倒入 1 L 量筒中,并用少量洁净水分别对盛过 3 种试剂的器皿洗涤 3 次,每次洗涤的水均放入量筒中,最后加入洁净水至 1 L 刻度线。

(4)将配制的 1 L 溶液倒入塑料桶或其他容器中,再加入 4 L 洁净水或纯净水稀释至 5 L±0.005 L。该冲洗液的使用期限不得超过 2 周,超过 2 周后必须废弃,其工作温度为 22 ℃±3 ℃。

注:有条件时,可向专门机构购买高浓度的冲洗液,按照要求稀释后使用。

五、试验步骤

1. 用冲洗管将冲洗液吸入试筒直到最下面的 100 mm 刻度处(约需 80 mL 试验用冲洗液)。

2. 把相当于 120 g±1 g 干料重的湿样用漏斗仔细地倒入竖立的试筒中。

3. 用手掌反复拍打试筒下部,以除去气泡,使试样尽快润湿,然后放置 10 min。

4. 在试样静止 10 min±1 min 后,在试筒上用橡胶塞堵住试筒,再将试筒横向水平放置,或将试筒水平固定在振荡机上。

5. 开动机械振荡器,在 30 s±1 s 的时间内振荡 90 次。用手振荡时,仅需手腕摆动,不必晃动手臂,维持振幅 230 mm±25 mm 即可,振荡时间和次数大致与机械振荡器相同。然后将试筒取下竖直放回试验台上,拧下橡胶塞。

6. 将冲洗管插入试筒中,用冲洗液冲洗附在试筒壁上的集料,然后逐渐将冲洗管插到试筒底部,并不断转动冲洗管,使附着在集料表面的土粒杂质浮游上来。

7. 缓慢匀速向上拔出冲洗管,当冲洗管抽出液面,且保持液面位于 380 mm 刻度线时,切断冲洗管的液流,使液面保持在 380 mm 刻度线处,然后启动秒表计时,使之在没有扰动的情况下静置 20 min±15 s。

8. 如图 1-13 所示,静置约 20 min 后,用钢尺测量从试筒底部到絮状凝结物上液面的高度(h_1)。

9. 将配重活塞徐徐插入试筒里,直至碰到沉淀物时,立即拧紧套筒上的固定螺丝。将活塞取出,用直尺插入套筒开口中,量取套筒顶面至活塞底面的高度 h_2,准确至 1 mm。同时记录试筒内的温度,准确至 1 ℃。

10. 按上述步骤进行 2 个试样的平行试验。

注:①为了不影响沉淀的过程,试验必须在无振动的水平台上进行。随时检查试验的冲洗管口,防止堵塞。②由于塑料在太阳光下容易脆化且变成不透明,应尽量避免将塑料试筒等直接暴露在太阳光下。盛试验容器的塑料桶用毕要清洗干净。

六、计算

1. 试样的砂当量值按式(1-39)计算:

$$SE = \frac{h_2}{h_1} \times 100 \qquad (1-39)$$

式中:SE——试样的砂当量,%;

h_2——试筒中用活塞测定的集料沉淀物的高度,mm;

h_1——试筒中絮凝物和沉淀物的总高度,mm。

2. 一种集料应平行测定两次,取两个试样的平均值,并以活塞测得砂当量为准,以整数表示。

七、实训报告

提交实训报告 15。

砂当量试验

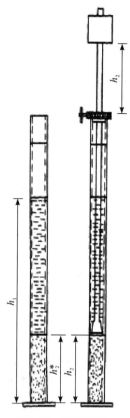

图 1-13 读数示意

实训报告 15 细集料砂当量试验记录

集料记录： 　　　　　　　　　试验编号：

工程名称		施工标段	
施工单位		工程部位	
监理单位		试验仪器	
试验依据		试验日期	
取样地点、日期		代表数量/kg	
集料产地		品种规格	
试验试剂			

试验次数	沉淀物高度 h_2/mm	絮凝物及沉淀物总高度 h_1/mm	砂当量 $\frac{h_2}{h_1}$/%	平均值

备注：

监理意见：

签名：
日期：

复核： 　　　　　计算： 　　　　　试验：

实训总结：

实训十六 矿粉筛分试验(水洗法)
(T 0351—2000)

一、概述

矿粉是由石灰岩等碱性石料经磨细加工得到的,在沥青混合料中起填料作用、以碳酸钙为主要成分的矿物质粉末。

二、目的和适用范围

测定矿粉的颗粒级配,同时适用于测定供拌制沥青混合料用的其他填料,如水泥、石灰、粉煤灰的颗粒级配。

三、仪具与材料

1. 标准筛:孔径为 0.6 mm、0.3 mm、0.15 mm、0.075 mm。
2. 天平:感量不大于 0.1 g。
3. 烘箱:能控温在 105 ℃±5 ℃。
4. 搪瓷盘。
5. 橡皮头研杵。

四、试验步骤

1. 将矿粉试样放入 105 ℃±5 ℃烘箱中烘干至恒重,冷却,称取 100 g,准确至 0.1 g。如有矿粉团粒存在,可用橡皮头研杵轻轻研磨粉碎。

2. 将 0.075 mm 筛装在筛底上,仔细倒入矿粉,盖上筛盖。手工轻轻筛分,至大体上筛不下去为止。存留在筛底上的小于 0.075 mm 部分可弃去。

3. 除去筛盖和筛底,按筛孔大小顺序套成套筛。将存留在 0.075 mm 筛上的矿粉倒回 0.6 mm 筛上,在自来水龙头下方接一胶管,打开自来水,用胶管的水轻轻冲洗矿粉过筛,0.075 mm 筛下部分任其流失,直至流出的水色清澈为止。水洗过程中,可以用手适当扰动试样,加速矿粉过筛,待上层筛冲干净后,移去 0.6 mm 筛,接着从 0.3 mm 筛或 0.15 mm 筛上冲洗,但不得直接冲洗 0.075 mm 筛。

注:①自来水的水量不可太大太急,防止损坏筛面或将矿粉冲出,水不得从两层筛之间流出,自来水龙头宜装有防溅水龙头。当现场缺乏自来水时,也可由人工浇水冲洗。

②如直接在 0.075 mm 筛上冲洗,可能使筛面变形,筛孔堵塞,或者造成矿粉与筛面发生共振,不能通过筛孔。

4. 分别将各筛上的筛余反过来用小水流仔细冲洗入各个搪瓷盘中,待筛余沉淀后,稍稍倾斜搪瓷盘。仔细除去清水,放入 105 ℃烘箱中烘干至恒重。称取各号筛上的筛余量,准确至 0.1 g。

五、计算

各号筛上的筛余量除以试样总量的百分率,即为各号筛的分计筛余百分率,精确至0.1%。用100减去0.6 mm、0.3 mm、0.15 mm、0.075 mm各筛的分计筛余百分率,即为通过0.075 mm筛的通过百分率;加上0.075 mm筛的分计筛余百分率,即为0.15 mm筛的通过百分率。依此类推,计算出各号筛的通过百分率,精确至0.1%。

六、精密度或允许差

以两次平行试验结果的平均值作为试验结果。各号筛的通过率相差不得大于2%。

七、实训报告

提交实训报告16。

实训报告 16 矿粉筛分试验(水洗法)记录

集料记录: 　　　　　　　　　　　　　试验编号:

工程名称		施工标段	
施工单位		工程部位	
监理单位		试验仪器	
试验依据		试验日期	
取样地点、日期		代表数量/kg	
产地			

干燥集料总质量 m_0/g	第1组				第2组				平均
筛孔尺寸/mm	筛上质量/g	分计筛余/%	累计筛余/%	通过百分率/%	筛上质量/g	分计筛余/%	累计筛余/%	通过百分率/%	通过百分率/%
0.6									
0.3									
0.15									
0.075									

备注:	监理意见: 签名: 日期:

复核: 　　　　　　　计算: 　　　　　　　试验:

平行试验误差:

实训总结:

实训十七　矿粉密度试验
（T 0352—2000）

一、目的和适用范围

用于检验矿粉的质量,供沥青混合料配合比设计计算使用,同时适用于测定供制沥青混合料用的其他填料如水泥、石灰、粉煤灰的相对密度。

二、仪具与材料

1. 李氏密度瓶:容量为 250 mL 或 300 mL,如图 1-14 所示。
2. 天平:感量不大于 0.01 g。
3. 烘箱:能控温在 105 ℃±5 ℃。
4. 恒温水槽:能控温在 20 ℃±0.5 ℃。
5. 其他:瓷皿、小牛角匙、干燥器、漏斗等。

三、试验步骤

1. 将代表性矿粉试样置瓷皿中,在 105 ℃烘箱中烘干至恒重(一般不少于 6 h),干燥器中冷却后,连同小牛角匙、漏斗一起准确称量(m_1),准确至 0.01 g;矿粉质量不少于 20%。

2. 向密度瓶中注入蒸馏水,至刻度 0~1 mL 之间,将密度瓶放入 20 ℃的恒温中,静放至密度瓶中的水温不再变化为止(一般不少于 2 h),读取密度瓶中水面的(V_1),准确至 0.02 mL。

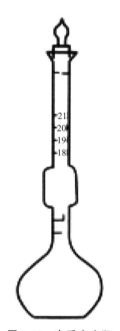

图 1-14　李氏密度瓶

3. 用小牛角匙将矿粉试样通过漏斗徐徐加入密度瓶中,待密度瓶中水的液面上升至接近密度瓶的最大读数时为止,轻轻摇晃密度瓶,使瓶中的空气充分逸出。再次将密度瓶放入恒温水槽中,待温度不再变化时,读取密度瓶的读数(V_2),准确至 0.02 mL。整个试验过程中,密度瓶中的水温变化不得超过 1 ℃。

4. 准确称取牛角匙、瓷皿、漏斗及剩余矿粉的质量(m_2),准确至 0.01 g。

注:对亲水性矿粉应采用煤油作介质测定,方法相同。

四、计算

按式(1-40)及式(1-41)计算矿粉的密度和相对密度,精确至小数点后 3 位。

$$\rho_f = \frac{m_1 - m_2}{V_2 - V_1} \times 100 \tag{1-40}$$

$$\gamma_f = \frac{\rho_f}{\rho_w'} \tag{1-41}$$

式中:ρ_f——矿粉的密度,g/cm³;

γ_f——矿粉对水的相对密度,无量纲;

m_1——牛角匙、瓷皿、漏斗及试验前瓷器中矿粉的干燥质量,g;

m_2——牛角匙、瓷皿、漏斗及试验后瓷器中矿粉的干燥质量,g;

V_1——加矿粉以前密度瓶的初读数,mL;

V_2——加矿粉以后密度瓶的终读数,mL;

ρ'_w——试验温度时水的密度,按表1-7取用。

五、精密度或允许差

同一试样应平行试验两次,取平均值作为密度的试验结果。两次试验结果的差值不得大于 $0.01\ \text{g/cm}^3$。

六、实训报告

提交实训报告17。

实训报告 17 矿粉密度试验记录

集料记录： 试验编号：

工程名称		施工标段	
施工单位		工程部位	
监理单位		试验仪器	
试验依据		试验日期	
取样地点、日期		代表数量/kg	
产地			

编号	1	2	平均值
比重瓶质量＋试验前矿粉质量/g			—
比重瓶质量＋试验后矿粉质量/g			—
比重瓶初读数 V_1/mL			—
比重瓶终读数 V_2/mL			—
试验温度时水的密度 ρ'_w			—
矿粉的密度 ρ_f/(g/cm³)			
矿粉对水的相对密度 γ_f			

备注：	监理意见： 签名： 日期：

复核： 计算： 试验：

平行试验误差：

实训总结：

实训报告 18 水泥混凝土用粗集料试验报告

汇总报告： 报告编号：

工程名称		施工标段	
施工单位		工程部位	
监理单位		试验仪器	
试验依据		试验日期	
取样地点、日期		代表数量/kg	
集料产地		品种规格	

试验项目		规定值	实测值	试验项目	规定值	实测值
堆积密度 /(g/m³)	自然堆积状态			吸水率/%		
	振实状态			含水率/%		
表观密度/(g/m³)				压碎值/%		
空隙率/%				泥块含量/%		
含泥量/%				针片状颗粒含量/%		
坚固性/%				有机物含量/%		

颗粒级配通过率/%													
筛孔尺寸	37.5	31.5	26.5	19	16	9.5	4.75	2.36	—	—	—	—	—
规定级配									—	—	—	—	—
实测级配									—	—	—	—	—

最大公称粒径/mm		最大粒径/mm	

结论：

备注：	监理意见：
	签名： 日期：

批准： 审核： 编制：

实训报告 19　水泥混凝土用细集料试验报告

汇总报告：　　　　　　　　　　　　　　　报告编号：

工程名称		施工标段	
施工单位		工程部位	
监理单位		试验仪器	
试验依据		试验日期	
取样地点、日期		代表数量/kg	
集料产地		品种规格	

试验项目	规定值	实测值	试验项目	规定值	实测值
表观密度/(g/cm³)			砂当量/%		
表观相对密度			泥块含量/%		
表干密度/(g/cm³)			膨胀率/%		
毛体积密度/(g/cm³)			有机质含量		
吸水率/%			云母含量/%		
堆积密度/(g/cm³)			轻物质含量/%		
紧装密度/(g/cm³)			三氧化硫含量/%		
堆积密度空隙率/%			棱角性(间隙率法)/%		
紧装密度空隙率/%			棱角性(流动时间法)/s		
含泥量/%			坚固性/%		

颗粒级配通过率/%						
筛孔尺寸/mm	4.75	2.36	1.18	0.6	0.3	0.15
标准规定值　Ⅰ区	90～100	65～95	35～65	15～29	5～20	0～10
Ⅱ区	90～100	75～100	50～90	30～59	8～30	0～10
Ⅲ区	90～100	85～100	75～100	60～84	15～45	0～10
实测级配						

级配区属		细度模数	

结论：

备注：	监理意见： 签名： 日期：

批准：　　　　　　　审核：　　　　　　　编制：

实训报告 20 沥青混合料用集料试验报告

汇总报告： 报告编号：

工程名称		施工标段	
施工单位		工程部位	
监理单位		试验仪器	
试验依据		试验日期	
取样地点、日期		代表数量/kg/kg	
集料产地		品种规格	

试验项目		实测值	规定值	结论
石料压碎值/%				
洛杉矶磨耗损失/%				
针片状颗粒含量/%	9.5～19 mm			
	4.75～9.5 mm			
水洗法＜0.075 mm 颗粒含量/%	4.75～9.5 mm			
	2.36～4.75 mm			
软石含量/%	9.5～19 mm			
	4.75～9.5 mm			
表观相对密度	9.5～19 mm			
	4.75～9.5 mm			
	2.36～4.75 mm			
	0～2.36 mm			
毛体积相对密度	9.5～19 mm			
	4.75～9.5 mm			
	2.36～4.75 mm			
	0～2.36 mm			
砂当量/%	0～2.36 mm			
吸水率/%	9.5～19 mm			
	4.75～9.5 mm			
	2.36～4.75 mm			
	0～2.36 mm			

备注： 监理意见：

签名：
日期：

批准： 审核： 编制：

实训报告 21　沥青混合料用矿粉试验报告

汇总报告：　　　　　　　　　　　　　报告编号：

工程名称		施工标段	
施工单位		工程部位	
监理单位		试验仪器	
试验依据		试验日期	
取样地点、日期		代表数量/kg	
产地			

试验项目		实测值	规定值	结论
视密度/(t/m³)				
含水量/%				
粒度范围/%	<0.6 mm			
	<0.15 mm			
	<0.075 mm			
外观				
加热安定性				

备注：	监理意见： 签名： 日期：

批准：　　　　　　　审核：　　　　　　　编制：

模块二　水泥进场检测

学习目标

◇能正确进行水泥取样；

◇能测定水泥细度；

◇能测定水泥比表面积；

◇能进行水泥标准稠度判断，测定标准稠度用水量；

◇能测定水泥凝结时间；

◇能测定水泥体积安定性；

◇能测定水泥强度。

任务书

表 2-1　水泥进场检测任务书

任务	水泥进场检测	
教学场景	水泥试验室	
任务背景	某工地新进一批水泥，需取样对该批水泥进行各项技术指标检测，以判定其是否满足水泥技术性质及标准。	
实训项目	实训一	水泥取样方法
	实训二	水泥细度检验试验（45 μm 筛筛析法）
	实训三	水泥比表面积测定试验（勃氏法）
	实训四	水泥标准稠度用水量、凝结时间、安定性检验试验
	实训五	水泥胶砂强度检验试验
能力目标	1. 能正确运用取样工具进行水泥取样； 2. 能用 45μm 筛检测水泥细度及数据处理； 3. 能用勃氏法进行水泥比表面积测定及数据处理； 4. 能用稠度仪测定水泥标准稠度时的用水量、水泥初凝、终凝时间及数据处理； 5. 能用雷氏夹进行水泥安定性测定及数据处理； 6. 能利用水泥胶砂法测定水泥强度并判断水泥强度等级。	
实训要求	1. 6 人左右为一小组，确定组长； 2. 课前熟悉试验步骤、相关试验规程； 3. 在试验室完成试验仪器、材料准备工作，按试验步骤要求完成试验，并按要求填写记录试验数据，进行数据分析，完成试验报告。	
标准规程	《公路工程水泥及水泥混凝土试验规程 JTG 3420—2020》	
提交成果	要求填写原始记录表，并填写试验报告（实训报告 25）	

表 2-2　水泥检测项目及频率

材料品种	常规检测项目	检测频率
水泥	物理检验：安定性、凝结时间、胶砂强度、细度	同厂别、同品种、同强度等级，每 200t(散装 500t)为一取样单位

实训一 水泥取样方法
（T 0501—2005）

一、概述

混凝土结构工程施工质量验收规范规定,按同一生产厂家、同一等级、同一品种、同一批号且连续进场的水泥,袋装不超过200 t为一批,散装不超过500 t为一批,每批抽样不少于一次。如不是连续进场,袋装不足200 t或散装不足500 t也应作一批进行抽取试验样。不同厂家、不同品种、不同等级、不同批号应分别作为一个取样单位,更不能混合作为一个取样单位。建筑工程取样单位以袋装200 t散装500 t为限,也就是说进场不超200 t的水泥应至少有一份水泥检验报告。

二、目的与适用范围

本方法规定了水泥取样的工具、部位、数量及步骤等。

本方法适用于通用硅酸盐水泥、道路硅酸盐水泥及指定采用本方法的其他品种水泥及矿物掺合料。

三、仪具与材料

1. 手工取样器,适用于袋装和散装水泥取样,可自行设计制作,常见手工取样器参见图2-1和图2-2。

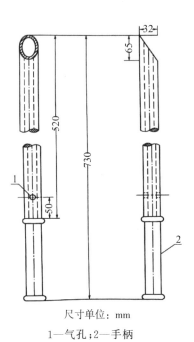

尺寸单位: mm

1—气孔;2—手柄

图 2-1 袋装水泥取样管

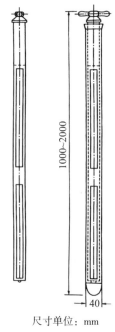

尺寸单位: mm

图 2-2 散装水泥取样管

四、取样部位

取样应在具有代表性的部位进行,且不应在污染严重的环境中取样。一般宜在以下部位取样:(1)水泥输送管路中;(2)袋装水泥堆场;(3)散装水泥卸料处或水泥运输机具上。

五、取样步骤

1. 散装水泥取样

当所取水泥深度不超过 2 m 时,每一个批次用散装水泥取样器随机取样,通过转动取样器内管控制开关,在适当位置(如距顶 0.5 m、1.0 m、1.5 m)插入水泥一定深度,关闭后小心抽出,将所取样品放入要求的容器中,每次抽取的样品量应尽量一致。

2. 袋装水泥取样

应按图 2-1 规定的取样管取样。随机选择不少于 10 袋水泥,每袋 3 个以上不同的部位,将取样管插入水泥适当深度,用大拇指按住气孔,小心抽出取样管。将所取样品过 0.9 mm 筛后,放入洁净、干燥、不易受污染的容器中。

六、取样数量

水泥应按同品种、同厂家、同强度等级进行取样,并应符合下列规定:
(1)袋装水泥:每一批次至少取样 12 kg,200 t 算 1 批次,不足 200 t 按 1 个批次计量。
(2)散装水泥:每一批次至少取样 12 kg,500 t 算 1 批次,不足 500 t 按 1 个批次计量。

七、样品的包装与贮存

1. 样品取得后应存放在密封的金属容器中,加封条。容器应洁净、干燥、防潮、密闭,不易破损,不与水泥发生反应。

2. 存放封存样的容器应至少在一处加盖清晰、不易擦掉的标有编号、取样时间、取样地点和取样人的密封印,如只有一处标志应在容器外壁上。

3. 封存样应密封储存,储存期应符合相应水泥标准的规定。

4. 封存样应储存在干燥、通风的环境中。

八、取样单

样品取得后,均应由负责取样操作人员填写如表 2-3 所示的取样单。

表 2-3　×××水泥厂取样单

取样编号	水泥品种及标号	取样人签字	取样日期	备注

九、注意事项

1. 取样应有代表性和科学性,袋装水泥取样位置应不在同一位置,从水泥堆垛取样时要搬去表层水泥袋取中间水泥袋。

2. 取样过程应在短时间内完成,不要把不同时间段取出的份样混在一起,比如不在同一天取出的份样。

3. 取出的份样应充分拌匀,拌匀不要在潮湿的环境中进行,拌匀后应立即密封。盛器最好是不与水泥发生反应、无异味、不易破损的金属桶类,容器还应洁净、干燥。样品容器要放置在干燥、通风的环境中。样品取出后应及时送检或按有关程序进行签封保存。

实训二　水泥细度检验方法
（T 0502—2005）

一、概述

《通用硅酸盐水泥》(GB 175—2007)规定,细度是硅酸盐水泥的技术性质标准里选择性指标。

细度指水泥颗粒粗细程度。细度越细,水泥与水反应的面积越大,水化越充分,水化速度越快。同矿物组成的水泥,提高细度,可使水泥混凝土强度提高,工作性改善,但也会造成水泥石硬化收缩变大,发生裂缝的可能性增加,故水泥的细度应合理控制。

水泥细度的检测方法有筛析法和比表面积法。筛析法以 45 μm 方孔筛对水泥试样进行筛析试样,用筛网上所得筛余物的质量占试样原始质量的百分数来表示水泥样品的细度。

二、目的与适用范围

本方法规定了水泥及水泥混凝土用矿物掺合料细度的试验方法。

本方法适用于通用硅酸盐水泥、道路硅酸盐水泥及指定采用本方法的其他品种水泥与矿物掺合料。

引用标准:

《试验筛技术要求和检验第 1 部分:金属丝编织网试验筛》(GB/T 6003.1)

《水泥标准筛和筛析仪》(JC/T 728),本方法规定用 45 μm 筛检验水泥细度的测试方法。

三、仪具与材料

1. 试验筛

(1)试验筛由圆形筛框和筛网组成,分负压筛和水筛两种,其结构尺寸如图 2-3 和图 2-4。负压筛应附有透明筛盖,筛盖与筛上口应有良好的密封性。

(2)筛网应紧绷在筛框上,筛网和筛框接触处应用防水胶密封,防止水泥嵌入。

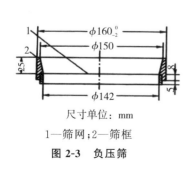

尺寸单位: mm

1—筛网;2—筛框

图 2-3　负压筛

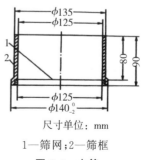

尺寸单位: mm

1—筛网;2—筛框

图 2-4　水筛

2. 负压筛析仪

（1）负压筛析仪由筛座、负压筛、负压源及收尘器组成，其中筛座由转速为 30 r/min±2 r/min 的喷气嘴、负压表、控制板、微电机及壳体等部分构成，如图 2-5。

（2）筛析仪负压可调范围为 4000~6000 Pa。

（3）喷气嘴上口平面与筛网之间距离为 2~8 mm。

（4）喷气嘴的上开口尺寸如图 2-6。

（5）负压源和收尘器，由功率不小于 600 W 的工业吸尘器和小型旋风收尘筒等组成或用其他具有相当功能的设备。

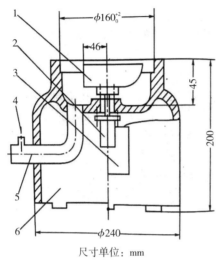

尺寸单位：mm

1—喷气嘴；2—微电机；3—控制板开口；4—负压表接口；5—负压源及收尘器接口；6—壳体

图 2-5　筛座

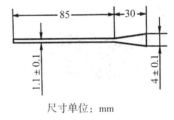

尺寸单位：mm

图 2-6　喷气嘴上开口

3. 水筛架和喷头

水筛架和喷头的结构尺寸应符合 JC/T 728 的规定，但其中水筛架上筛座内径为 140^{+0}_{-3} mm。

4. 天平

量程应大于 100 g，感量不大于 0.05 g。

四、试验准备

水泥样品应充分拌匀，通过 0.9 mm 方孔筛，记录筛余物情况，要防止过筛时混进其他水泥。

五、试验步骤

1. 负压筛法

（1）筛析试验前，应把负压筛放在筛座上，盖上筛盖，接通电源，检查控制系统，调节负压至 4000~6000 Pa 范围。

（2）试验称取试样 10 g，精确至 0.01 g。试样置于洁净的负压筛中，放在筛座上，盖上筛盖，开动筛析仪连续筛析 120 s，在此期间如有试样附着在筛盖上，可轻轻地敲击筛盖使试样落下。筛毕,用天平称量筛余物,精确至 0.01 g。

（3）当工作负压小于 4000 Pa 时,应清理吸尘器内水泥,使负压恢复正常。

2. 水筛法

（1）筛析试验前,调整好水压及水筛架的位置,使其能正常运转。喷头底面和筛网之间距离为 35～75mm。

（2）称取试样 50 g,置于洁净的水筛中,立即用淡水冲洗至大部分细粉通过后,放在水筛架上,用水压为 0.05 MPa±0.02 MPa 的喷头连续冲洗 180 s。筛毕,用少量水把筛余物冲至蒸发皿中,等水泥颗粒全部沉淀后,小心倒出清水,烘干并用天平称量筛余物,精确至 0.01 g。

（3）试验筛的清洗

试验筛必须保持洁净,筛孔通畅,使用 10 次后要进行清洗。金属筛框、铜丝网筛洗时应用专门的清洗剂,不可用弱酸浸泡。

六、结果计算

水泥试样筛余百分数按式(2-1)计算:

$$F = \frac{R_s}{m} \times 100 \tag{2-1}$$

式中:F——水泥试样的筛余百分数,%,计算结果精确到 0.1%;

　　　R_s——水泥筛余物的质量,g;

　　　m——水泥试样的质量,g。

　　　结果计算精确至 0.1%。

七、结果处理

1. 修正系数的测定应按附录 T 0502A 进行。以两次平行试验结果（经修正系数修正）的算术平均值为测定值,结果精确至 0.1%。当两次筛余结果相差大于 0.3% 时,试验数据无效,需重新试验。

3. 负压筛法与水筛法测定的结果发生争议时,以负压筛法为准。

八、注意事项

1. 为使试验结果可比,应采用试验筛修正系数方法的计算结果。修正系数的测定按规范规定进行。

2. 在实际操作中水筛法的水压稳定至关重要,当水压较高时,样品会溅在筛框上,导致筛余结果偏低;反之,水压偏低,则会引起筛余偏高。可通过一定稳压措施得到稳定水流。对于负压法而言,应保持负压筛水平,避免外界振动和冲击。当筛网有堵塞现象时,可将筛网反置,反吹空筛一段时间,再用刷子清刷;也可用吸尘器抽吸。

九、实训报告

提交实训报告 22。

实训报告 22　水泥物理力学性能试验记录

水泥记录：　　　　　　　　　　　　　　　　试验编号：

工程名称			施工标段		
施工单位			工程部位		
监理单位			试验仪器		
试验依据			试验日期		
水泥名称、代号			生产厂家		
水泥种类及强度等级		水泥批号		进场日期	
取样时间、地点		出厂（包装）日期		代表数量/t	

细度		标准稠度用水量	试验方法	试样重量/g	加水量/mL	标准稠度/%
试验方法	负压筛		标准法			
试样重量/g		安定性	试验方法	编号	雷氏夹两指针之间的距离/mm				试验结果
筛余物量/g					沸煮前	沸煮后	增加量	平均值	
试验结果/%			雷氏夹法						
修正系数									
修正后值/%									

凝结时间	加水时刻		初凝时间	终凝时间
	初凝测定	测试时间		
		试针下沉距底板/mm		
	终凝测定	测试时间		
		试针下沉距底板/mm		

备注：	监理意见： 签名： 日期：

复核：　　　　　　　　计算：　　　　　　　　试验：

实训三 水泥比表面积测定方法(勃氏法)

(T 0504—2005)

一、概述

《通用硅酸盐水泥》(GB 175—2007)规定,细度是硅酸盐水泥的技术性质标准里选择性指标。水泥细度的检测方法有筛析法和比表面积法。

水泥比表面积是指单位质量的水泥粉末所具有的总面积,以 m^2/kg 表示。根据一定量的空气通过具有一定空隙率和固定厚度的水泥层时,所受阻力不同而引起流速的变化来测定水泥的比表面积。在一定空隙率的水泥层中,孔隙的大小和数量是颗粒尺寸的函数,同时也决定了通过料层的气流速度。通常水泥比表面积大于 300 m^2/kg。

二、目的与适用范围

本方法规定采用勃氏法进行水泥比表面积测定。

本方法适用于通用硅酸盐水泥及指定采用本方法的其他粉状物料。本方法不适用于测定多孔材料及超细粉状物料。

三、仪具与材料

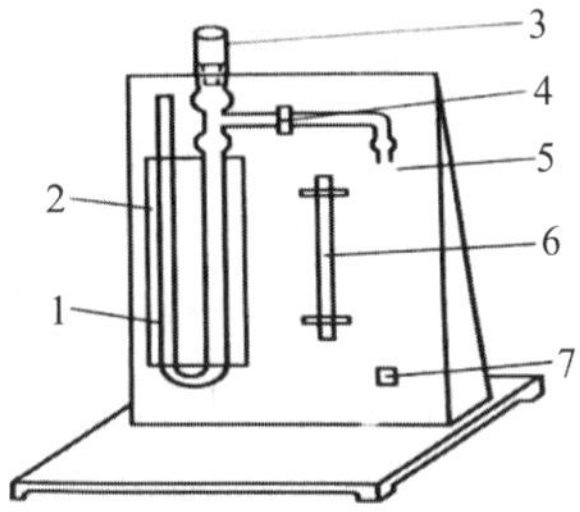

1. 勃氏(Blaine)透气仪分为手动型和自动型两种,如图2-7,由透气圆筒、穿孔板、捣器、压力计、抽气装置五部分组成。

(1)透气圆筒:内径为 12.70 mm±0.05 mm,由不锈钢制成。圆筒内表面的光洁度▽6,圆筒的上口边应与圆筒主轴垂直,圆筒下部锥度应与压力计上玻璃磨口锥度一致,两者应严密连接。在圆筒内壁,距离圆筒上口边 55 mm±10

1—U形压力计;2—平面镜;
3—透气圆筒;4—活塞;5—背面接微型电磁泵;6—温度计;
7—开关

图 2-7 透气仪示意

mm 处有一突出的宽度为 0.5~1 mm 的边缘,以放置金属穿孔板。

(2)穿孔板:由不锈钢或其他不受腐蚀的金属制成,厚度为 $1.0^{0}_{-0.1}$ mm。在其面上,等距离地打有 35 个直径 1 mm 的小孔,穿孔板应与圆筒内壁密合。穿孔板两平面应平行。

(3)捣器:用不锈钢制成,插入圆筒时,其间隙不大于 0.1 mm。捣器的底面应与主轴垂直,侧面有一个扁平槽,宽度为 3.0 mm±0.3 mm。捣器的顶部有一个支持环,当捣器放入圆筒时,支持环与圆筒上口边接触,这时捣器底面与穿孔圆板之间的距离为 15.0 mm±0.5 mm。

(4)压力计:由外径为 9 mm 的具有标准厚度的玻璃管制成。压力计一个臂的顶端有一锥形磨口与透气圆筒紧密连接,在连接透气圆筒的压力计臂上刻有环形线。从压力计底部往上 280~300 mm 处有一个出口管,管上装有一个阀门,连接抽气装置。

(5)抽气装置:用小型电磁泵,也可用抽气球。

2. 滤纸:采用中速定量滤纸。

3. 天平:感量为 0.001 g。

4. 秒表:分度值为 0.5 s。

5. 压力计液体:压力计液体采用带有颜色的蒸馏水。

6. 基准材料

应采用符合现行《水泥细度和比表面积标准样品》(GSB 14—1511)或相同等级的标准物质,有争议时以现行《水泥细度和比表面积标准样品》(GSB 14—1511)为准。

四、仪器校准

1. 仪器的校准采用符合现行《水泥细度和比表面积标准样品》(GSB 14—1511)或相同等级的其他标准物质,有争议时以前者为准。

2. 圆筒内试料层体积的标定方法应按《勃氏透气仪》(JC/T 956—2014)中附录 A 的规定进行。

3. 至少每年进行一次仪器设备的校准。月平均使用次数不少于 30 次时,应每半年进行一次。仪器设备维修后,应重新标定。

五、试验步骤

1. 试样准备

按 T 0503 的规定,测定水泥的密度,并留样备用。

2. 漏气检查

将透气圆筒上口用橡皮塞塞紧,接到压力计上。用抽气装置从压力计一臂中抽出部分气体,然后关闭阀门,观察是否漏气。如发现漏气,用活塞油脂加以密封。

3. 空隙率 ε 的确定

空隙率是指试料层中孔的容积与试料层总的容积之比,P·I、P·II 型水泥采用 0.500%±0.005%,其他水泥和粉料的孔隙率选用 0.53%±0.005%。当上述空隙率不能将试样压至本方法规定的位置时,则允许改变空隙率。空隙率调整以 2000 g 砝码(5 等砝码)将试样压实至规定的位置为准。

4. 确定试样量

校正试验用的标准试样量和被测定水泥的质量,应达到在制备的试料层中的空隙率为 0.500±0.005(50.0%±0.5%),计算式为:

$$W = \rho V(1-\varepsilon) \tag{2-2}$$

式中:W——需要的试样量,kg,精确至 1 mg;

　　　ρ——试样密度,kg/m³;

　　　V——测定的试料层体积,m³;

　　　ε——试料层空隙率注。

5. 试料层制备

将穿孔板放入透气圆筒的突缘上,用一根直径比圆筒略小的细棒把一片滤纸注送到穿孔板上,边缘压紧。称取按公式(2-2)确定的水泥量,精确到 0.001 g,倒入圆筒。轻敲圆筒的边,使水泥层表面平坦。再放入一片滤纸,用捣器均匀捣实试料直至捣器的支持环紧紧接触圆筒顶边并旋转两周,慢慢取出捣器。

6.透气试验

(1)把装有试料层的透气圆筒下锥面涂一薄层油脂,然后连接到压力计顶端锥形口上,旋转1～2周(不应振动所制备的试料层),以保证紧密连接不致漏气。

(2)打开微型电磁泵,慢慢从压力计一臂中抽出空气,直到压力计内液面上升到扩大部下端时关闭阀门。当压力计内液体的弯月液面下降到第一个刻度线时开始计时,当液体的弯月面下降到第二条刻度线时停止计时,记录液面从第一条刻度线下降到第二刻度线所需的时间,以秒表(s)记录,并记下试验时的温度(℃)。

六、结果计算

1.当被测物料的密度、试料层中空隙率与标准试样相同,试验时温差不大于±3 ℃时,可按公式(2-3)计算:

$$S_c = \frac{S_s \sqrt{T}}{\sqrt{T_s}} \quad (2-3)$$

如试验时温差大于±3 ℃时,则按公式(2-4)计算:

$$S_c = \frac{S_s \sqrt{T} \sqrt{\eta_s}}{\sqrt{T_s} \sqrt{\eta}} \quad (2-4)$$

式中:S_c——被测试样的比表面积,m^2/kg;

S_s——标准试样的比表面积,m^2/kg;

T——被测试样试验时,压力计中液面降落测得的时间,s;

T_s——标准试样试验时,压力计中液面降落测得的时间,s;

η——被测试样试验温度下的空气黏度,$Pa \cdot s$;

η_s——标准试样试验温度下的空气黏度,$Pa \cdot s$。

2.当被测试样的试料层中空隙率与标准试样试料层中空隙率不同,试验时温差不大于±3 ℃时,可按公式(2-5)计算:

$$S_c = \frac{S_s \sqrt{T} (1-\varepsilon_s) \sqrt{\varepsilon^3}}{\sqrt{T_s} (1-\varepsilon) \sqrt{\varepsilon_s^3}} \quad (2-5)$$

如试验时温差大于±3 ℃时,则按公式(2-6)计算:

$$S_c = \frac{S_s \sqrt{T} (1-\varepsilon_s) \sqrt{\varepsilon^3} \sqrt{\eta_s}}{\sqrt{T_s} (1-\varepsilon) \sqrt{\varepsilon_s^3} \sqrt{\eta}} \quad (2-6)$$

式中:ε——被测试样试料层中的空隙率;

ε_s——标准试样试料层中的空隙率。

3.当被测试样的密度和空隙率均与标准试样不同,试验时温差不大于±3 ℃时,可按公式(2-7)计算:

$$S_c = \frac{S_s \sqrt{T} (1-\varepsilon_s) \sqrt{\varepsilon^3} \rho_s}{\sqrt{T} (1-\varepsilon) \sqrt{\varepsilon_s^3} \rho} \quad (2-7)$$

如试验时温差大于±3 ℃时,则按公式(2-8)计算:

$$S_c = \frac{S_s \sqrt{T} (1-\varepsilon_s) \sqrt{\varepsilon^3} \rho_s \sqrt{\eta_s}}{\sqrt{T} (1-\varepsilon) \sqrt{\varepsilon_s^3} \rho \sqrt{\eta}} \quad (2-8)$$

式中：ρ——被测试样的密度，kg/m^3；

ρ_s——标准试样的密度，kg/m^3。

4. 精密度及允许差

水泥比表面积应由两次透气试验结果的平均值确定，精确至 10 cm^2/g，如两次试验结果相差 2% 以上时，应重新试验。

5. 当同一水泥用手动勃氏透气仪测定的结果与用自动勃氏透气仪测定的结果有争议时，以手动勃氏透气仪测定结果为准。

七、注意事项

1. 试样捣实：由于试料层内空隙分布均匀程度对比表面积结果有影响，因此捣实试样应统一操作。

2. 空隙率大小：试料层空隙率对一般硅酸盐水泥为 0.5，但对掺有多孔材料的水泥或过细的水泥，需要调整。但在测定需要相互比较的试料时，空隙率不宜改变太多。

3. 透气仪各部分接头应保持紧密连接。

八、实训报告

提交实训报告 23。

水泥比表面积测定

实训报告 23 水泥比表面积测定(勃氏法)记录

水泥记录： 试验编号：

工程名称		施工标段	
施工单位		工程部位	
监理单位		试验仪器	
试验依据		试验日期	
水泥名称、代号		生产厂家	
水泥种类及强度等级		水泥批号		进场日期	
取样时间、地点		出厂(包装)日期		代表数量/t	

试验次数	标准试样降落时间 T_s/s	被测试样降落时间 T/s	标准试样比表面积 $S_s/(m^2/kg)$	被测试样比表面积 $S_c/(m^2/kg)$
1				
2				

备注:	监理意见: 签名: 日期:

复核： 计算： 试验：

精密度及允许差：

实训总结：

实训四 水泥标准稠度用水量、凝结时间、安定性检验方法
(T 0505—2020)

一、概论

《通用硅酸盐水泥》(GB 175—2007)规定,初凝时间、终凝时间和体积安定性是硅酸盐水泥的技术性质标准里必检指标。

初凝时间:水泥全加入水中至初凝状态(指试针自由沉入标准稠度的水泥净浆,试针沉至距底板 4 mm±1 mm 时的稠度状态)所经历的时间,以 min 计。终凝时间:水泥全加入水中至终凝状态(指试针沉入试体 0.5 mm,即环形附件开始不能在试体上留下痕迹时的稠度状态)所经历的时间,以 min 计。

水泥凝结时间对砼施工的重要意义:初凝时间太短,将影响砼拌和料的运输和浇灌;终凝时间太长,则影响砼工程的施工进度。

水泥安定性是反映水泥浆在凝结、硬化过程中,体积膨胀变形的均匀程度。水泥在凝结硬化过程中,如果产生不均匀变形或变形太大,使构件产生膨胀裂缝,即水泥体积安定性不良,会影响工程质量。

初凝时间、终凝时间和体积安定性检测均用水泥浆,而水泥浆的稠度会影响到最后的结果,故规范提出需用标准稠度水泥净浆。

二、目的和适用范围

方法规定了水泥标准稠度用水量、凝结时间和体积安定性的测试方法。

本方法适用于通用硅酸盐水泥、道路硅酸盐水泥及指定采用本方法的其他品种水泥。

三、仪具与材料

1. 水泥净浆搅拌机:应符合现行《水泥净浆搅拌机》(JC/T 729)的规定。

2. 维卡仪:应符合现行《水泥净浆标准稠度与凝结时间测定仪》(JC/T 727)的规定,如图 2-8 所示,标准稠度测定用试杆[图 2-8(c)]有效长度为 50 mm±1 mm,由直径为 10 mm±0.05 mm 的圆柱形耐腐蚀金属制成。测定凝结时间时取下试杆,用试针[图 2-8(d)、2-8(e)]代替试杆。试杆由钢制成,其有效长度初凝针(图 2-9)为 50 mm±1 mm,终凝针(图 2-9)为 30 mm±1 mm,直径为 1.13 mm±0.05 mm 的圆柱体。滑动部分的总质量为 300 g±1 g。与试杆、试针连接的滑动杆表面应光滑,能靠重力自由下落,不得有紧涩和旷动现象。盛装水泥净浆的试模[见图 2-8(a)、图 2-10]应由耐腐蚀的、有足够硬度的金属制成。试模深 40 mm±0.2 mm,顶内径 65 mm±0.5 mm,底内径 75 mm±0.5 mm 的截顶圆锥体,每只试模应配备一片边长或直径约为 100 mm、厚度为 4~5 mm 的平板玻璃底板或金属底板。

3. 沸煮箱:应符合现行《水泥安定性试验用沸煮箱》(JC/T 955)的规定。

4. 雷氏夹测定仪(图 2-11):由铜质材料制成,其结构如图 2-12。当一根指针的根部先

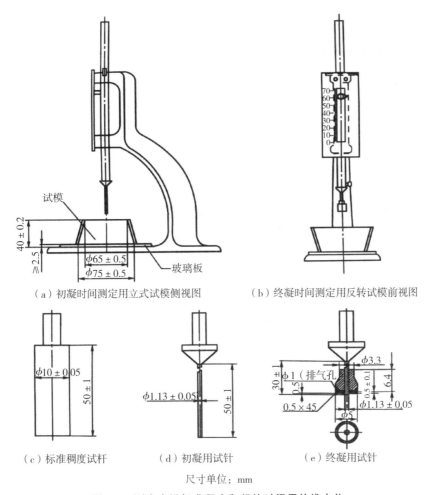

（a）初凝时间测定用立式试模侧视图　　（b）终凝时间测定用反转试模前视图

（c）标准稠度试杆　　（d）初凝用试针　　（e）终凝用试针

尺寸单位：mm

图 2-8　测定水泥标准稠度和凝结时间用的维卡仪

悬挂在一根金属丝或尼龙丝上，另一根指针的根部再挂上 300 g 质量的砝码时，两根指针的针尖距离增加应在 17.5 mm±2.5 mm 范围以内，当去掉砝码后针尖的距离能恢复至挂砝码前的状态。雷氏夹（图 2-13）受力示意见图 2-14。

图 2-9　初凝针、终凝针

图 2-10　维卡仪、试模及试针

图 2-11　雷氏夹测定仪

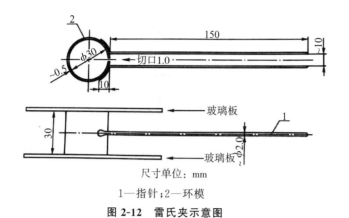

1—指针;2—环模

图 2-12　雷氏夹示意图

图 2-13　雷氏夹

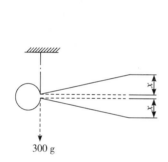

图 2-14　雷氏夹受力图

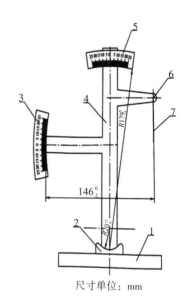

尺寸单位:mm

1—底座;2—模子座;3—测弹性标尺;4—立柱;
5—测膨胀值标尺;6—悬臂;7—悬丝

图 2-15　雷氏膨胀值测量仪

5. 量水器:分度值为 0.5 mL。

6. 天平:最大量程不小于 1000 g,感量不大于 1 g。

7. 水泥标准养护箱:应能使温度控制在 20 ℃±1 ℃,相对湿度大于 90%。

8. 雷氏夹膨胀值测定仪:如图 2-15 所示,标尺最小刻度 0.5 mm。

9. 秒表:分度值 1 s。

四、试验准备

1. 水泥试样应充分拌匀,通过 0.9 mm 方孔筛并记录筛余物情况,但要防止过筛时混进其他水泥。

2. 试验用水必须是洁净的淡水,如有争议时可用蒸馏水。

五、试验环境

1. 试验室的温度为 20 ℃±2 ℃,相对湿度大于 50%。
2. 水泥试样、拌和水、仪器和用具的温度应与实验室内室温一致。

六、标准稠度用水量测定(标准法)

1. 试验前

(1)维卡仪的金属棒能够自由滑动。试模和玻璃底板用湿布擦拭(但不允许有明水),将试模放在底板上。

(2)调整至试杆接触玻璃板时指针对准零点。

(3)水泥净浆搅拌机运行正常。

2. 水泥净浆拌制

用水泥净浆搅拌机搅拌,搅拌锅和搅拌叶片先用湿布擦过,将拌和水倒入搅拌锅中,然后 5~10 s 内小心将称好的 500 g 水泥加入水中,防止水和水泥溅出;拌和时,先将锅放在搅拌机的锅座上,升至搅拌位置,启动搅拌机,低速搅拌 120 s,停 15 s,同时将叶片和锅壁上的水泥浆刮入锅间,接着高速搅拌 120 s 停机。

3. 标准稠度用水量测定步骤

(1)拌和结束后,立即取适量水泥净浆装入已放在玻璃板上的试模中,浆体超过试模上端,用宽约 25 mm 的直边刀轻轻拍打超出试模部分的浆体 5 次以排除浆体中的孔隙,然后在试模上表面约 1/3 处,略倾斜于试模分别向外轻轻锯掉多余净浆,再从试模边沿轻抹顶部一次,使净浆表面光滑。在锯掉多余的净浆和抹平的操作过程中,注意不要压实净浆。

(2)抹平后迅速将试模和底板移到维卡仪上,并将其中心定在试杆下,降低试杆直到与水泥净浆表面接触,拧紧螺丝 1~2 s 后,突然放松,使试杆垂直自由地沉入水泥净浆中。在试杆停止沉入或释放试杆 30 s 时记录试杆到底板的距离,升起试杆后,立即擦净。

(3)整个操作应在搅拌后 90 s 内完成。以试杆沉入净浆并距底板 6 mm±1 mm 的水泥净浆为标准稠度净浆。其拌和水量为该水泥的标准稠度用水量(P),按水泥质量的百分比计。

(4)当试杆距玻璃板小于 5 mm 时,应适当减水,重复水泥浆的拌制和上述过程;若距离大于 7 mm 时,则应适当加水,并重复水泥浆的拌制和上述过程。

七、凝结时间测定

1. 测定前准备工作:调整凝结时间测定仪的试针接触玻璃板,使指针对准零点。

2. 试件的制备:以标准稠度用水量利用水泥净浆搅拌机制成标准稠度净浆(记录水泥全部加入水中的时间作为凝结时间的起始时间),一次装满试模,振动数次刮平,立即放入湿气养护箱中。

3. 初凝时间测定

(1)记录水泥全部加入水中至初凝状态的时间作为初凝时间,以"min"计。

(2)试件在湿气养护箱中养护至加水后 30 min 时进行第一次测定。测定时,从湿气养护箱中取出试模放到试针下,降低试针,与水泥净浆表面接触。拧紧螺丝 1~2 s 后,突然放松,使试杆垂直自由地沉入水泥净浆中。观察试针停止沉入或释放试针 30 s 时指针的读数。

（3）临近初凝时,每隔 5 min 测定一次。当试针沉至距底板 4 mm±1 mm 时,为水泥达到初凝状态。

（4）达到初凝时应立即重复测一次,当两次结论相同时才能定为达到初凝状态。

4. 终凝时间测定

（1）由水泥全部加入水中至终凝状态的时间为水泥的终凝时间,以"min"计。

（2）为了准确观察试件沉入的状况,在终凝针上安装了一个环形附件[图 2-8(e)],在完成初凝时间测定后,立即将试模连同浆体以平移的方式从玻璃板下翻转 180°,直径大端向上、小端向下放在玻璃板上,再放入湿气养护箱中继续养护。

（3）临近终凝时间时每隔 15 min 测定一次,当试针沉入试件 0.5 mm 时,即环形附件开始不能在试件上留下痕迹时,为水泥达到终凝状态。

（4）达到终凝时应立即重复测一次,当两次结论相同时才能定为达到终凝状态。

5. 测定时应注意,在最初测定操作时应轻轻扶持金属柱,使其徐徐下降,以防止试针撞弯,但结果以自由下落为准;在整个测试过程中,试针沉入的位置至少要距试模内壁 10 mm。每次测定不能让试针落入原针孔,每次测试完毕需将试针擦净并将试模放回湿气养护箱内,整个测试过程要防止试模振动。

八、安定性测定(标准法)

1. 测定前的准备工作

每个试样需要两个试件,每个雷氏夹需配备两个边长或直径约 80 mm、厚度为 4～5 mm 的玻璃板。凡与水泥净浆接触的玻璃板和雷氏夹表面都要稍稍涂上一层油。

2. 雷氏夹试件的制备方法

将预先准备好的雷氏夹放在已稍擦油的玻璃板上,并立刻将已制好的标准稠度净浆装满雷氏夹。装模时一只手轻轻扶持雷氏夹,另一只手用宽约 25mm 的直边小刀插捣数 3 次,然后抹平,盖上稍涂油的玻璃板,接着立刻将雷氏夹移至湿气养护箱内养护 24 h±2 h。

3. 沸煮

（1）调整好沸煮箱内的水位,使之在整个沸煮过程中都能没过试件,无须中途添补试验用水,同时保证在 30 min±5 min 内升至沸腾。

（2）脱去玻璃板,取下试件,先检查试饼是否完整(如已开裂、翘曲,要检查原因,确定无外因时,该试饼已属不合格品,不必沸煮),在试饼无缺陷的情况下,用雷氏法测定时,先测量雷氏夹指针间的距离(A),精确到 0.5 mm,接着将试件放在沸煮箱中的试件架上,指针朝上,试件之间互不交叉,然后在 30 min±5 min 内加热水至沸腾,并恒沸 180 min±5 min。

4. 结果判别

沸煮结束后,立即放掉箱中的热水,打开箱盖,待箱体冷却至室温,取出试件进行判别。测量雷氏夹指针尖端间的距离 C,精确至 0.5 mm,当两个试件煮后增加距离($C-A$)的平均值不大于 5.0 mm 时,即认为该水泥安定性合格;当两个试件的($C-A$)值相差超过 5.0 mm 时,应用同一样品立即重做一次试验,以复检结果为准。

九、安定性测定(代用法)

1. 测定前的准备工作

每个样品需准备两块约 100 mm×100 mm 的玻璃板。凡与水泥净浆接触的玻璃板都要稍稍涂上一层隔离剂。

2. 试饼的成型方法

将制好的净浆取出一部分分成两等份,使之呈球形,放在预先准备好的玻璃板上,轻轻振动玻璃板并用湿布擦净的小刀由边缘向中央抹动,做成直径 70～80 mm、中心厚约 10 mm、边缘渐薄、表面光滑的试饼,接着将试饼放入湿气养护箱内养护 24 h±2 h。

3. 沸煮

(1)调整好沸煮箱内的水位,使之在整个沸煮过程中都能没过试件,无须中途添补试验用水,同时保证水在 30 min±5 min 内能沸腾。

(2)脱去玻璃板,取下试件,先检查试饼是否完整(如已开裂、翘曲,要检查原因,确定无外因时,该试饼已属不合格品,不必沸煮),在试饼无缺陷的情况下将试饼放在沸煮箱的水中箅板上,然后在 30 min±5 min 内加热至水沸腾,并恒沸 180 min±5 min。

4. 结果判别

沸煮结束后,立即放掉箱中的热水,打开箱盖,待箱体冷却至室温,取出试件进行判别。目测试饼未发现裂缝,用直尺检查也没有弯曲(使钢直尺和试饼底部紧靠,以两者间不透光为不弯曲)的试饼为安定性合格,反之为不合格。当两个试饼判别结果有矛盾时,该水泥的安定性为不合格。

十、注意事项

1. 标准稠度规定,采用试杆法为标准法,试锥法为代用法;在安定性方面,采用雷氏法为标准法,试饼法为代用法,当有矛盾时,以标准法为准;

2. 每次测试完毕需将试针擦净并将试模放回湿气养护箱内,整个测试过程要防止试模振动。

3. 雷氏夹必须先检查合格后才能使用;

4. 试验结束应马上清理,搅拌锅和搅拌叶一定要清理干净,试验所用水泥净浆一定要倒到专门的收纳处,切不可直接倒水龙头下。

十一、实训报告

提交实训报告 22。

水泥净浆标准稠度试验　　　　水泥凝结时间、安定性检验

实训五　水泥胶砂强度检验方法(ISO 法)
(T 0506—2005)

一、概述

《通用硅酸盐水泥》(GB 175—2007)规定,强度是硅酸盐水泥的技术性质标准里必检指标。强度是水泥技术要求中最基本的指标,也是水泥的重要技术性质之一。

水泥强度等级是按规定龄期(3 d 和 28 d)抗压强度和抗折强度划分,在规定各龄期的抗压强度和抗折强度均符合某一强度等级的最低强度值要求时,以 28 d 的抗压强度值作为强度等级。

二、目的和适用范围

本方法规定水泥胶砂强度(ISO 法),适用于普通硅酸盐水泥、道路硅酸盐水泥及指定采用本方法的其他品种水泥。

三、仪具与设备

1. 胶砂搅拌机

胶砂搅拌机(图 2-16)属行星式,其搅拌叶片和搅拌锅做相反方向的转动。叶片和锅由耐磨的金属材料制成,叶片与锅底、锅壁之间的间隙为叶片与锅壁最近距离。制造质量应符合现行《行星式水泥胶砂搅拌机》(JC/T 681)的规定。

2. 振实台

振实台(见图 2-17、图 2-18)由装有两个对称偏心轮的电动机产生振动,使用时固定于混凝土基座上。基座高约 400 mm,混凝土的体积约 0.25 m³,重约 600 kg。为防止外部振动影响振实效果,可在整个混凝土基座下放一层厚约 5 mm 天然橡胶弹性衬垫。

将仪器用地脚螺丝固定在基座上,安装后设备成水平状态,仪器底座与基座之间要铺一层砂浆以确保它们完全接触。

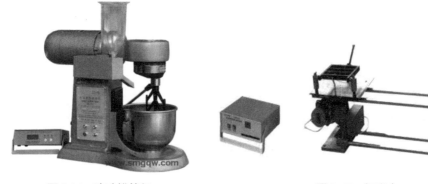

图 2-16　胶砂搅拌机　　　　　　　　图 2-17　振实台

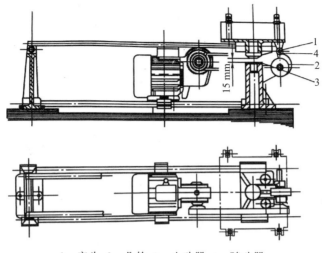

1—突头；2—凸轮；3—止动器；4—随动器

图 2-18 典型振实台

3. 试模及下料漏斗

试模(图 2-19)为可装卸的三联模,由隔板、端板、底座等部分组成,可同时成型三条截面为 40 mm×40 mm×160 mm 的菱形试件。

下料漏斗(图 2-20)由漏斗和模套两部分组成。漏斗用厚为 0.5 mm 的白铁皮制作,下料口宽度一般为 4~5 mm。模套高度为 20 mm,用金属材料制作。套模壁与模型内壁应重叠,超出内壁不应大于 1 mm。

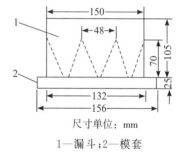

尺寸单位：mm

1—漏斗；2—模套

图 2-19 试模　　　　　　　**图 2-20 下料漏斗**

4. 抗折试验机和抗折夹具

抗折试验机(图 2-21)一般采用双杠杆式,应符合现行《水泥胶砂电动抗折试验机》(JC/T 724)的规定。一般采用双杠杆式的,也可采用性能符合要求的其他试验机。加荷与支撑圆柱必须用硬质钢材制造。三根圆柱轴的三个竖向平面应平行,并在试验时继续保持平行和等距离垂直试件的方向,其中一根支撑圆柱能轻微地倾斜使圆柱与试件完全接触,以便荷载沿试件宽度方向均匀分布,同时不产生任何扭转应力,如图 2-22。

(1)抗折夹具:应符合现行《水泥胶砂电动抗折试验机》(JC/T 724)的规定。

(2)抗折强度也可用抗压强度试验机来测定,此时应采用符合上述规定的夹具。

5. 抗压试验机和抗压夹具

(1)抗压试验机的吨位以 200~300 kN 为宜。抗压试验机在较大的 4/5 量程范围内使用时,记录的荷载应有±1.0%的精度,并具有按 2400 N/s±200 N/s 速率的加荷能力,应具有一个能指示试件破坏时荷载的指示器。

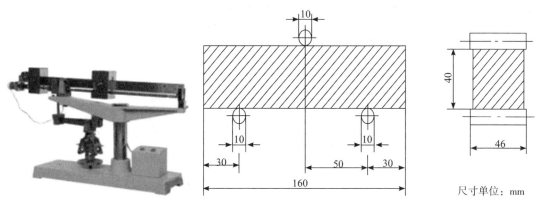

图 2-21　抗折试验机　　　图 2-22　抗折强度测定加荷(尺寸单位:mm)

尺寸单位:mm

压力机的活塞竖向轴应与压力机的竖向轴重合,而且活塞作用的合力要通过试件中心。压力机的下压板表面应与该机的轴线垂直并在加荷过程中一直保持不变。

(2)抗压夹具:由硬质钢材制成,受压面积为 40 mm×40 mm,并应符合《40 mm×40 mm 水泥抗压夹具》(JC/T 683)的规定。

6. 天平:量程不小于 2000g,感量不大于 1 g。

7. 水泥:水泥试样从取样到试验要保持 24 h 以上时,应将其储存在基本装满和气密的容器中,这个容器不能和水泥反应。

8. 试验用砂:ISO 标准砂。

9. 试验用水为饮用水。仲裁试验时用蒸馏水。

四、试验环境

1. 试件成型实验室应保持实验室温度为 20 ℃±2 ℃(包括强度实验室),相对湿度大于50%。水泥试样、ISO 砂、拌和水及试模等的温度应与室温相同。

2. 养护箱或雾室温度 20 ℃±1 ℃,相对湿度大于 90%,养护水的温度 20 ℃±1 ℃。

3. 试件成型实验室的空气温度和相对湿度在工作期间每天应至少记录一次。养护箱或雾室温度和相对湿度至少每 4 h 记录一次。

五、试件制备

1. 成型前将试模擦净,四周的模板与底座的接触面上应涂黄油,紧密装配,防止漏浆,内壁均匀地刷一薄层机油。

2. 水泥与 ISO 砂的质量比为 1∶3,水灰比为 0.5。火山灰质硅酸盐水泥、粉煤灰硅酸盐水泥、复合硅酸盐水泥和掺火山灰质混合材料的流动度小于 180 mm 时,应以 0.01 整倍数递增的方法将水灰比调整至胶砂流动度不小于 180 mm 为止。

3. 每成型三条试件需称量的材料及用量为:水泥 450 g±2 g,ISO 砂 1350 g±5 g,水

225 mL±1 mL。

4. 将水加入锅中,再加入水泥,把锅放在固定架上并上升至固定位置。然后立即开动机器,低速搅拌 30 s 后,在第二个 30 s 开始的同时均匀将砂子加入,再高速搅拌 30 s。停拌 90 s,在停拌中的第一个 15 s 内用胶皮刮具将叶片和锅壁上的胶砂刮入锅中。在高速下继续搅拌 60 s。各个阶段时间误差应在±1 s 内。

5. 用振实台成型时,将空试模和模套固定在振实台上,用适当的勺子直接从搅拌锅中将胶砂分为两层装入试模。装第一层时,每个槽里约放 300 g 砂浆,用大播料器垂直架在模套顶部,沿每个模槽来回一次将料层播平,接着振实 60 次。再装入第二层胶砂,用小播料器播平,再振实 60 次。移走摸套,从振实台上取下试模,并用刮尺以 90°的角度架在试模顶的一端,沿试模长度方向以横向锯割动作慢慢向另一端移动,一次将超出试模的胶砂刮去,并用同一直尺在近乎水平的情况下将试件表面抹平。

6. 用代用振动台成型时,同时将试模及下料漏斗卡紧在振动台台面中心,将搅拌好的全部胶砂均匀地装于下料漏斗中,开动振动台 120 s±5 s 停车。振动完毕,取下试模,用刮平尺按上述方法刮去多余胶砂并抹平试件。

7. 在试模上作标记或加字条标明试件的编号和试件相对于振实台的位置。两个龄期以上的试件,编号时应将同一试模中的三条试件分在两个以上的龄期内。

8. 试验前或更换水泥品种时,需将搅拌锅、叶片和下料漏斗等抹擦干净。

六、养护

1. 编号后,在试模上盖一块 210 mm×1850 mm×60 mm 的玻璃板,也可用相似尺寸的钢板或不渗水的、和水泥没有反应的材料制成的板。盖板不应与水泥砂浆接触。立即将作好标记的试模放入雾室或湿箱的水平架子上养护,湿空气应能与试模各边接触。养护时不应将试模放在其他试模上。一直养护到规定的脱模时间时取出脱模。水平放置时刮平面应朝上。对于 24 h 龄期的,应在破型试验前 20 min 内脱模。对于 24 h 以上龄期的,应在成型后 20~24 h 内脱模。脱模时要非常小心,应防止试件损伤。硬化较慢的水泥允许延期脱模,但需记录脱模时间。

2. 试件脱模后即放入水槽中养护,试件之间间隙和试件上表面的水深不得小于 5 mm。每个养护池中只能养护同类水泥试件,并应随时加水,保持恒定水位,不允许养护期间全部换水。

3. 除 24 h 龄期或延迟 48 h 脱模的试件外,任何到龄期的试件应在试验(破型)前 15 min 从水中取出。抹去试件表面沉淀物,并用湿布覆盖。

七、强度试验

1. 各龄期(试件龄期从水泥加水搅拌开始算起)的试件应在下列时间内(表 2-4)进行强度试验。

表 2-4　试验时间

龄期	24h	48h	72h	7d	28d
试验时间	24 h±15 min	48 h±30 min	72 h±45 min	7 d±2 h	28 d±8 h

2. 抗折强度试验

（1）以中心加荷法测定抗折强度。

（2）采用杠杆式抗折试验机试验时，试件放入前，应使杠杆成水平状态，将试件成型侧面朝上放入抗折试验机内。试件放入后调整夹具，使杠杆在试件折断时尽可能地接近水平位置。

（3）抗折试验加荷速度为 50 N/s±10 N/s，直至折断，并保持两个半截棱柱试件处于潮湿状态直至抗压试验。

（4）抗折强度按式(2-9)计算：

$$R_f = \frac{1.5F_f \times L}{b^3} \tag{2-9}$$

式中：R_f——抗折强度，MPa，计算值精确到 0.1 MPa；

F_f——破坏荷载，N；

L——支撑圆柱中心距，mm；

b——试件断面正方形的边长，为 40 mm。

结果计算精确至 0.1 MPa。

（5）抗折强度结果取 3 个试件平均值，精确至 0.1 MPa。当 3 个强度值中有超过平均值±10%的，应剔除后再平均，以平均值作为抗折强度试验结果；当三个强度值中有两个超出平均值±%时，则以剩余一个作为抗折强度结果。

3. 抗压强度试验

（1）抗折试验后的断块应立即进行抗压试验。抗压试验需用抗压夹具进行，试件受压面为试件成型时的两个侧面，面积为 40 mm×40 mm。试验前应清除试件受压面与加压板间的砂粒或杂物。试验时以试件的侧面作为受压面，试件的底面靠紧夹具定位销，并使夹具对准压力机压板中心。

（2）压力机加荷速度应控制在 2400 N/s±200 N/s 速率范围内，在接近破坏时更应严格掌握。

（3）抗压强度按公式(2-10)计算：

$$R_c = \frac{F_c}{A} \tag{2-10}$$

式中：R_c——抗压强度，MPa；

F_c——破坏荷载，N；

A——受压面积，40 mm×40 mm＝1600 mm²。

计算值精确到 0.1 MPa。

取 6 个抗压强度测定值的算术平均值，结果精确至 0.1MPa。如果 6 个强度值中有一个超过平均值±10%的，应剔除后以剩下的 5 个值的算术平均值作为最后结果。如果 5 个值中再有超过平均值±10%的，则此组试件无效。

八、注意事项

1. 抗折试验机的最大荷载以 200～300 kN 为佳，可以有两个以上的荷载范围，其中最低荷载范围的最大值大致为最高范围里最大值的 1/5。

2.抗折试验机可以润滑球座以便与试件接触更好,但应确保在加荷期间不致因此而发生压板的位移。在高压下有效的润滑剂不宜使用,以避免压板的移动。

3.抗折试验后的断块应立即进行抗压试验

4.试验结束应马上清理,搅拌锅和搅拌叶一定要清理干净,试验所用水泥净浆一定要倒到专门的收纳处,切不可直接倒水龙头下。

九、水泥强度表

各品种水泥的强度见表 2-5。

表 2-5　水泥强度

品种	强度等级	抗压强度/MPa		抗折强度/MPa	
		3 d	28 d	3 d	28 d
硅酸盐水泥	42.5	≥17.0	≥42.5	≥3.5	≥6.5
	42.5R	≥22.0		≥4.0	
	52.5	≥23.0	≥52.5	≥4.0	≥7.0
	52.5R	≥27.0		≥5.0	
	62.5	≥28.0	≥62.5	≥5.0	≥8.0
	62.5R	≥32.0		≥5.5	
普通硅酸盐水泥	42.5	≥17.0	≥42.5	≥3.5	≥6.5
	42.5R	≥22.0		≥4.0	
	52.5	≥23.0	≥52.5	≥4.0	≥7.0
	52.5R	≥27.0		≥5.0	
矿渣硅酸盐水泥 火山灰质硅酸盐水泥 粉煤灰硅酸盐水泥 复合硅酸盐水泥	32.5	≥10.0	≥32.5	≥2.5	≥5.5
	32.5R	≥15.0		≥3.5	
	42.5	≥15.0	≥42.5	≥3.5	≥6.5
	42.5R	≥19.0		≥4.0	
	52.5	≥21.0	≥52.5	≥4.0	≥7.0
	52.5R	≥23.0		≥4.5	

十、实训报告

提交实训报告 24。

水泥胶砂强度制模

水泥胶砂抗折抗压强度试验

实训报告 24　水泥胶砂强度检验(ISO 法)记录

水泥记录：　　　　　　　　　　　　　　试验编号：

工程名称		施工标段	
施工单位		工程部位	
监理单位		试验仪器	
试验依据		试验日期	
水泥名称、代号		生产厂家	
水泥种类及强度等级		水泥批号		进场日期	
取样时间、地点		出厂(包装)日期		代表数量/t	
试样重量/g		标准砂重量/g		加水量/mL	

制作日期	试验日期	龄期/d	抗折强度			抗压强度			水泥强度等级
			破坏荷载 F_f/N	抗折强度 R_f/MPa		破坏荷载 F_c/N	抗压强度 R_c/MPa		
				单值	平均值		单值	平均值	

备注：	监理意见： 签名： 日期：

复核：　　　　　　　　　计算：　　　　　　　　　试验：

实训报告 25　水泥物理力学性能试验报告

水泥报告：　　　　　　　　　　　报告编号：

工程名称		施工标段		
施工单位		工程部位		
监理单位		试验仪器		
试验依据		试验日期		
水泥名称、代号		生产厂家		
水泥种类及强度等级		水泥批号		进场日期	
取样时间、地点		出厂(包装)日期		代表数量/t	

试验结果					
物理性能	细度/%	负压筛析法/%	规定值	实测值	
		比表面积/(m²/kg)			
	标准稠度用水量/%				
	凝结时间	初凝/min			
		终凝/min			
	安定性	标准法(雷氏法)/mm			
强度	抗折强度/MPa	3 d			
		28 d			
	抗压强度/MPa	3 d			
		28 d			

备注：　　　　　　　　　　　监理意见：

　　　　　　　　　　　　　　　　　　　签名：
　　　　　　　　　　　　　　　　　　　日期：

批准：　　　　　　审核：　　　　　　编制：

模块三　普通水泥混凝土试验

任务书

表 3-1　普通水泥混凝土试验任务书

任务	普通水泥混凝土试验		
教学场景	水泥混凝土试验室		
任务背景	某工地按设计好的普通混凝土配合比拌和水泥混凝土,现需进行现场取样并进行新拌水泥混凝土性能的检验及相关力学性能的检验。		
实训项目	实训一	水泥混凝土拌合物的拌和与现场取样试验	
	实训二	水泥混凝土拌合物稠度试验(坍落度仪法)	
	实训三	水泥混凝土拌合物稠度试验(维勃仪法)	
	实训四	水泥混凝土试件制作	
	实训五	水泥混凝土立方体抗压强度试验	
能力目标	1.能操作拌和工具进行普通水泥混凝土拌和； 2.能正确进行现场普通水泥混凝土取样； 3.能用坍落度仪进行普通水泥混凝土拌合物工作性(和易性)相关性能的评价； 4.能用维勃仪进行普通水泥混凝土拌合物稠度评价； 4.能进行普通水泥混凝土试件制作及养护； 5.能测定普通水泥混凝土立方体抗压强度及数据处理。		
实训要求	1.6人左右为一小组,确定组长； 2.课前熟悉试验步骤、相关试验规程； 3.在试验室完成试验仪器、材料准备工作,按试验步骤要求完成试验,并按要求填写记录试验数据,进行数据分析,完成试验报告。		
标准规程	《公路工程水泥及水泥混凝土试验规程 JTG 3420—2020》		
提交成果	要求填写原始记录表,并填写试验报告(实训29)		

表 3-2　普通混凝土检测项目及频率

材料品种	检测项目	检测频率
泥混凝土试块	强度	不同强度等级及不同配合比的混凝土应分别制取试件,浇筑一般体积的结构物(如基础、墩台)时,每一单元结构物应制取不少于 2 组,连续浇筑大体积结构物时,每 200 m³ 或每一工作班制取不少于 2 组;每片梁(板),长 16 m 以下的应制取 1 组,16～30 m 应制取 2 组,31～50 m 应制取 3 组,50 m 以上者应不少于 5 组;就地浇筑混凝土的小桥涵,每一座或每一工作班应制取不少于 2 组,当原材料和配合比相同,并由同一拌和站制取时,可几座合并制取不少于 2 组

实训一　水泥混凝土拌合物的拌和与现场取样方法
（T 0521—2005）

一、概述

水泥混凝土技术性质包含新拌水泥混凝土性质和硬化后水泥混凝土性质。水泥混凝土拌合物的性能与拌和过程密切相关,故需规范进行室内拌和水泥混凝土拌合物和现场混凝土拌合物取样。

二、目的与适用范围

本方法规定了水泥混凝土拌合物室内拌和与现场取样方法。

本方法适用于普通水泥混凝土的拌和与现场取样,也适用于轻质水泥混凝土、防水水泥混凝土、碾压水泥混凝土等其他特种水泥混凝土的拌和与现场取样方法,但因其特殊性所引起的对试验设备及方法的特殊要求,均应遵照对这些水泥混凝土的有关技术规定进行。

三、仪具与材料

1. 强制式搅拌机:应符合现行《混凝土试验用搅拌机》(JG 244)的规定。

2. 振动台:应符合现行《混凝土试验用振动台》(JG/T 245)的规定。

3. 磅秤:最大量程不小于 50 kg,感量不大于 5 g。

4. 天平:最大量程不小于 2000 g,感量不大于 1 g。

5. 其他:铁板、铁铲等。

四、拌和步骤

1. 拌和时保持室温 20 ℃±5 ℃,相对湿度大于 50%。

2. 拌和前材料应放置在温度 20 ℃±5 ℃的室内,且时间不宜少于 24 h。

3. 为防止粗集料的离析,可将集料按不同粒径分开,使用时再按一定比例混合。试样从抽取至试验完毕过程中,避免阳光直晒和水分蒸发,必要时应采取保护措施。

4. 拌合物的总量至少应比所需量高 20% 以上。拌制混凝土的材料以质量计,称量的精确度:集料为 ±1%,水、水泥、掺合料和外加剂为 ±0.5%。

5. 粗集料、细集料均以干燥状态(含水率小于 0.5% 的细集料和含水率小于 0.2% 的粗集料)为基准,计算用水量时应扣除粗集料、细集科的含水量。

6.外加剂的加入

对于不溶于水或难溶于水且不含潮解型盐类,应先和一部分水泥拌和,以保证充分分散;对于不溶于水或难溶于水但含潮解型盐类,应先和细集料拌和;对于水溶性或液体,应先和水拌和;其他特殊外加剂,尚应符合相关标准的规定。

7. 拌制混凝土所用各种用具,如铁板、铁铲、抹刀,应预先用水润湿,使用完后必须清洗干净。

8. 使用搅拌机前,应先用少量砂浆进行涮膛,再刮出涮膛砂浆,以避免正式拌和混凝土时水砂浆黏附筒壁的损失。涮膛砂浆的水灰比及砂灰比,应与正式的混凝土配合比相同。

9. 用搅拌机拌和时,拌和量宜为搅拌机公称容量 1/4～3/4。

10. 搅拌机搅拌

按规定称好原材料,往搅拌机内顺序加入粗集料、细集料、水泥。开动搅拌机,将材料拌和均匀,在拌和过程中徐徐加水,全部加料时间不宜超过 2 min。水全部加入后,继续拌和约 2 min,而后将拌合物倾出在铁板上,再经人工翻拌 1～2 min,务必使拌合物均匀一致。

11. 人工拌和

采用人工拌和时,先用湿布将铁板、铁铲润湿,再将称好的砂和水泥在铁板上拌匀,加入粗集料,再混合搅拌均匀。而后将此拌合物堆成长堆,中心扒成长槽,将称好的水倒入约一半,将其与拌合物仔细拌匀,再将材料堆成长堆,扒成长槽,倒入剩余的水,继续进行拌和,来回翻拌至少 10 遍。

12. 从试样制备完毕到开始做各项性能试验不宜超过 5 min(不包括成型试件)。

五、现场取样

1. 新混凝土现场取样:凡由搅拌机、料斗、运输小车以及浇制的构件中采取新拌混凝土代表性样品时,均需从三处以上的不同部位抽取大致相同分量的代表性样品(不要抽取已经离析的混凝土),集中用铁铲翻拌均匀,而后立即进行拌合物的试验。拌合物取样量应多于试验所需数量的 1.5 倍,其体积不小于 20 L。

2. 从第一次取样到最后一次取样不宜超过 15 min。

六、注意事项

1. 由于配合比计算时,一般都以原料干燥状态为基准,所以应事先测得原材料的含水量,然后在拌和加水时扣除。

2. 拌制混凝土所用各种用具,如铁板、铁铲、抹刀,应预先用水润湿。

3. 使用搅拌机前,应先用少量砂浆进行涮膛。

4. 新混凝土现场取样均需从三处以上的不同部位抽取大致相同分量的代表性样品。

5. 试验过程需严格遵循各步骤要求的时间限制。

6. 试验结束,所有工具设备需马上清洗。

实训二　水泥混凝土拌合物稠度试验方法(坍落度仪法)
(T 0522—2005)

一、概述

新拌水泥混凝土工作性(和易性)指砼拌合物易于施工操作(拌和、运输、浇筑、振捣)并获得质量均匀、成型密实的性能。它包括流动性、黏聚性和保水性。

流动性指水泥混凝土拌合物在自重或机械振捣作用下,能产生流动并均匀密实地填满模板的性能。黏聚性指水泥混凝土拌合物在施工过程中其组成材料之间有一定的黏聚力,不致产生分层和离析的现象。保水性指水泥混凝土拌合物在施工过程中,具有一定的保水能力,不致产生严重的泌水现象。

目前对水泥混凝土工作性常是测定砼的流动性,辅以其他方法评定新拌水泥混凝土拌合物的其他性质。常用的方法有坍落度仪法和维勃仪法。

二、目的和适用范围

本方法规定了采用坍落度仪测定水泥混凝土拌合物稠度的方法和步骤。

本方法适用于坍落度大于 10 mm,集料公称最大粒径不大于 31.5 mm 的水泥混凝土的坍落度测定。

三、仪具与材料

1. 坍落筒:如图 3-1 所示,符合《水泥混凝土坍落度仪》(JG/T 248)中有关技术要求。坍落筒为铁板制成的截头圆锥筒,厚度不小于 1.5 mm,内侧平滑,没有铆钉头之类的突出物。在筒上方约 2/3 高度处有两个把手,近下端两侧焊有两个踏脚板,保证坍落筒可以稳定操作,坍落筒尺寸如表 3-3 所示。

图 3-1　坍落筒和捣棒

表 3-3　坍落筒尺寸

集料公称最大粒径/mm	筒的名称	筒的内部尺寸/mm		
		底面直径	顶面直径	高度
<31.5	标准坍落筒	200±2	100±2	300±2

2. 捣棒:如图 3-1 所示,直径 16 mm,长约 600 mm 并具有半球形端头的钢质圆棒。

3. 其他:小铲、木尺、钢尺(分度值为 1 mm)、镘刀和钢平板等。

四、试验步骤

1. 试验前将坍落筒内外洗净,放在经水润湿过的平板上(平板吸水时应垫以塑料布),

踏紧踏脚板。

2. 将代表样分三层装入筒内,每层装入高度稍大于筒高的 1/3,用捣棒在每一层的横截面上均匀插捣 25 次。插捣在全部面积上进行,沿螺旋线由边缘至中心,插捣底层时插至底部,插捣其他两层时,应插透本层并插入下层 20～30 mm,插捣需垂直压下(边缘部分除外),不得冲击。在插捣顶层时,装入的混凝土应高出坍落筒口,随插捣过程随时添加拌合物。当顶层插捣完毕后,将捣棒用锯和滚的动作清除掉多余的混凝土,用镘刀抹平筒口,刮净筒底周围的拌合物。而后立即垂直地提起坍落筒,提筒宜控制在 3～7 s 内完成,并使混凝土不受横向及扭力作用。从开始装料到提出坍落度筒,整个过程应在 150 s 内完成。如图 3-2。

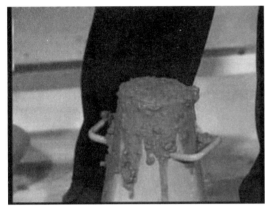

图 3-2　现场坍落度试验

3. 将坍落筒放在锥体混凝土试样一旁,筒顶平放木尺,用钢尺量出木尺底面至试样顶面最高点的垂直距离,即为该混凝土拌合物的坍落度,精确至 1 mm。如图 3-3。

4. 当混凝土试件的一侧发生崩坍或一边剪切破坏,则应重新取样另测。如果第二次仍发生上述情况,则表示该混凝土和易性不好,应记录。

5. 当混凝土拌合物的坍落度大于 160 mm 时,用钢尺测量混凝土扩展后最终的最大直径和最小直径,在这两个直径之差小于 50 mm 的条件下,用其算术平均值作为坍落扩展度值;否则,此次试验无效。

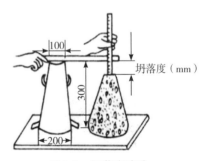

图 3-3　坍落度试验

6. 坍落度试验的同时,可用目测方法评定混凝土拌合物的下列性质,并予记录。

(1)稠度:按插捣混凝土拌合物时难易程度评定。分"上""中""下"三级。

"上":表示插捣容易;

"中":表示插捣时稍有石子阻滞的感觉;

"下":表示很难插捣。

(2)黏聚性:观测拌合物各组分相互黏聚情况。评定方法是用捣棒在已坍落的混凝土锥体侧面轻打,如锥体在轻打后逐渐下沉,表示黏聚性良好;如锥体突然倒坍、部分崩裂或发生石子离析现象,即表示黏聚性不好。

（3）保水性：指水分从拌合物中析出情况，分"多量""少量""无"三级评定。

"多量"：表示提起坍落筒后，有较多水分从底部析出；

"少量"：表示提起坍落筒后，有少量水分从底部析出；

"无"：表示提起坍落筒后，没有水分从底部析出。

五、试验结果

混凝土拌合物坍落度和坍落扩展度值以毫米（mm）为单位，测量精确至 1 mm，结果修约至最接近的 5 mm。

六、试验报告

1. 试验报告应包括以下内容：检测的项目名称、试验依据；原材料的品种、规格和产地及混凝土配合比；试验日期及时间；仪器设备的名称、型号及编号；环境温度和湿度；搅拌方式；坍落度、棍度、含砂情况、黏聚性和保水性。

2. 提交实训报告 26。

七、水泥混凝土稠度分级

稠度试验可以认为是测量水泥混凝土在自重作用下流动个抗剪性。ISO 4103—1979 中规定了拌合物稠度分级，见表 3-4。

表 3-4　水泥混凝土的稠度分级

级别	坍落度/mm	级别	坍落度/mm
特干硬	—	低塑	50～90
很干稠	—	塑性	100～150
干稠	10～40	流态	>160

水泥混凝土拌合物稠度试验

3

实训报告 26　水泥混凝土拌合物稠度试验(坍落度仪法)记录

水泥记录：　　　　　　　　　　　　　试验编号：

工程名称		施工标段	
施工单位		工程部位	
监理单位		试验仪器	
试验依据		试验日期	
混凝土设计强度等级		拌和方式		振捣方式		养护方式	标养

试验次数	坍落度/mm	棍度	保水性	黏聚性
1				
2				
3				

备注：　　　　　　监理意见：

签名：
日期：

复核：　　　　　　计算：　　　　　　试验：

实训总结：

实训三 水泥混凝土拌合物稠度试验方法(维勃仪法)
(T 0523—2005)

一、概述

维勃仪法是新拌水泥混凝土稠度试验另一个方法,它是将坍落筒放在圆筒中,圆筒安装在专门的振动台上。按坍落度试验方法将新拌混凝土装入坍落筒内后拔去坍落筒,从开始振动计时至上面的透明圆盘底面被胶浆布满瞬间结束,所经历的时间即为新拌混凝土的维勃稠度。

二、目的和适用范围

本试验用维勃稠度仪来测定水泥混凝土拌合物稠度。

本方法适用于集料公称最大粒径不大于 31.5 mm 的水泥混凝土及维勃时间在 5~30 s 之间的干稠性水泥混凝土的稠度测定。

三、仪具与材料

1. 稠度仪(维勃仪):如图 3-4 所示,应符合现行《维勃稠度仪》(JG/T 250)的规定。

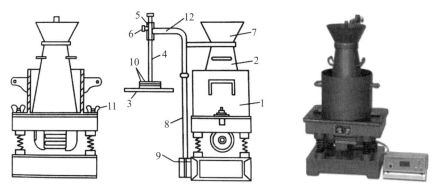

1—容器;2—坍落筒;3—圆盘;4—滑杆;5—套筒;6—螺钉;7—漏斗;8—支柱;
9—定位螺丝;10—荷重块;11—元宝螺母;12—旋转架

图 3-4 稠度计(维勃仪)

(1)容量筒:为金属圆筒,内径为 240 mm±5 mm,高为 200 mm,壁厚 3 mm,底厚 7.5 mm。容器应不漏水并有足够刚度,上有把手,底部外伸部分可用螺母将其固定在振动台上。

(2)坍落筒:筒底部直径为 200 mm±2 mm,顶部直径为 100 mm±2 mm,高度为 300 mm±2 mm,壁厚不小于 1.5 mm,上、下开口并与锥体轴线垂直,内壁光滑,筒外安有把手。

(3)透明圆盘:用透明塑料制成,上装有滑 4。滑杆可以穿过套筒 5 垂直滑动。套筒装在一个可用螺钉 6 固定位置的旋转悬臂上,悬臂上还装有一个漏斗 7。坍落筒在容器中放好后,转动旋臂,使漏斗底部套在坍落筒上口。旋臂装在支柱 8 上,可用定位螺丝 9 固定位置。滑杆和漏斗的轴线应与容器的轴线重合。

圆盘直径为 230 mm±2 mm,厚为 10 mm±2 mm,圆盘、滑杆及荷重块组成的滑动部分总质量为 2.75 kg±0.05 kg。滑杆刻度可用来测量坍落度值。

(4)振动台:工作频率为 50 Hz±3 Hz,空载振幅为 0.5 mm±0.1 mm,上有固定容器的螺栓。

2. 捣棒:直径为 16 mm,长约 600 mm,并具有半球形端头的钢质圆棒。

3. 秒表:分度值为 0.5 s。

四、试验步骤

1. 将容器 1 用螺母固定在振动台上,放入润湿的坍落筒 2,把漏斗 7 转到坍落筒上口,拧紧螺丝 9,使漏斗对准坍落筒口上方。

2. 按坍落度试验步骤,分三层经漏斗装拌合物,每装一层用捣棒从周边向中心螺旋形均匀插捣 25 次,插捣底层时捣棒应贯穿整个深度。插捣第二层时,捣棒应插透本层至下一层的表面,捣毕第三层混凝土后,拧松螺钉 6,把漏斗转回到原先的位置,并将筒模顶上的混凝土刮平,然后轻轻提起筒模

3. 拧紧螺丝 9,使圆盘可定向地向下滑动,仔细转圆盘到混凝土上方,并轻轻与混凝土接触。检查圆盘是否可以顺利滑向容器。

4. 开动振动台并按动秒表,通过透明圆盘观察混凝土的振实情况,当圆盘底面刚为水泥浆布满时,迅即按停秒表和关闭振动台,记下秒表所记时间,精确至 1 s。

5. 仪器每测试一次后,必须将容器、筒模及透明圆盘洗净擦干,,在滑棒等处涂薄层黄油,以备下次使用。

五、结果整理

水泥混凝土拌合物稠度的维勃时间用秒(s)表示;以两次试验结果的平均值作为混凝土拌合物稠度的维勃时间,结果精确到 1 s。

六、试验报告

1. 试验报告应包括以下内容:检测的项目名称、试验依据;原材料的品种、规格和产地及混凝土配合比;试验日期及时间;仪器设备的名称、型号及编号;环境温度和湿度;搅拌方式;混凝土拌合物的维勃时间等。

2. 提交实训报告 27。

七、注意事项

1. 试验前将坍落筒内外洗净,所用各种用具,如铁板、铁铲、抹刀,应预先用水润湿;圆盘应准确放到混凝土上方,并轻轻与混凝土接触;试验结束,所有工具设备需马上清洗。

八、水泥混凝土稠度分级

ISO 4103—1979 中规定了拌合物稠度分级,见表 3-5。

表 3-5　水泥混凝土的稠度分级

级别	维勃时间/s	级别	维勃时间/s
特干硬	≥31	低塑	10～5
很干稠	30～21	塑性	≤4
干稠	20～11	流态	—

实训报告 27 水泥混凝土拌合物稠度试验(维勃仪法)记录

水泥记录： 试验编号：

工程名称		施工标段	
施工单位		工程部位	
监理单位		试验仪器	
试验依据		试验日期	

混凝土设计强度等级		拌和方式	振捣方式		养护方式	标养

试验次数	坍落度/mm	混凝土拌合物的维勃时间/s	平均值/s
1			
2			

备注： 监理意见：

签名：
日期：

复核： 计算： 试验：

实训总结：

实训四　水泥混凝土试件制作与硬化水泥混凝土现场取样方法
(T 0551—2020)

一、概述

新拌水泥混凝土试块制作的好坏,在某种意义上讲,决定着混凝土质量的评判结果.混凝土配合比,原材料的合格性,称量的准确性,试块的形状、尺寸,养护的温度、养护湿度、拆模的时间等都会影响结果,所以规范操作、严格遵循操作步骤、对仪器设备合格保障等都需特别注意。

二、目的和适用范围

本方法规定了在常温环境中室内试验时水泥混凝土试件制作与硬化水泥混凝土现场取样方法。

本方法适用于普通水泥混凝土及喷射水泥混凝土硬化后试件的现场取样方法,但因其特殊性所引起的对试验设备及方法的特殊要求,均应按对这些水泥混凝土试件制作和取样的有关技术规定进行。

三、仪具与材料

1. 强制搅拌机:应符合现行《混凝土试验用搅拌机》(JG 244)的规定。

2. 振动台:应符合现行《混凝土试验用振动台》(JG/T 245)的规定。

3. 试模

(1)非圆柱试模:应符合现行《混凝土试模》(JG 237)的规定。

(2)圆柱试模:直径误差小于$\frac{1}{200}d$,高度误差应小于$\frac{1}{100}h$。试模底板的平面度公差不过 0.02 mm。组装试模时,圆筒纵轴与底板应成直角,允许公差为 0.5。

(3)喷射混凝土试模:尺寸为 450 mm×450 mm×120 mm(长×宽×高),模具一侧边为敞开状。

4. 常用的几种试件尺寸(试件内部尺寸)规定见表 3-6。所有试件承压面的平面度公差不超过 0.0005d(d 为边长)。

表 3-6　试件尺寸

试件名称	标准尺寸(集料最大粒径)/mm	非标准尺寸(集料最大粒径)/mm
立方体抗压强度试件	150×150×150(31.5)	100×100×100(26.5),200×200×200(53)
圆柱轴心抗压强度试件(高径比 2∶1)	ϕ150×300(31.5)	ϕ100×200(26.5),ϕ200×400(53)

续表

试件名称	标准尺寸(集料最大粒径)/mm	非标准尺寸(集料最大粒径)/mm
钻芯样抗压强度试件(高径比 1:1)	$\phi 150 \times 150(31.5)$	$\phi 100 \times 100(26.5)$,$\phi 75 \times 75(19)$
棱柱体轴心抗压强度试件	$150 \times 150 \times 300(31.5)$	$200 \times 200 \times 400(53)$,$100 \times 100 \times 300(26.5)$
立方体劈裂抗拉强度试件	$150 \times 150 \times 150(31.5)$	$100 \times 100 \times 100(26.5)$
圆柱劈裂抗拉强度试件	$\phi 150 \times l_m(31.5)$	$\phi 100 \times l_m(26.5)$,$\phi 200 \times l_m(53)$
钻芯样劈裂强度试件	$\phi 150 \times l_m(31.5)$	$\phi 100 \times l_m(26.5)$,$\phi 75 \times l_m(19)$
圆柱轴心抗压弹性模量试件(高径比 2:1)	$\phi 150 \times 300(31.5)$	$\phi 100 \times 200(26.5)$,$\phi 200 \times 400(53)$
抗弯拉强度试件	$150 \times 150 \times 550(31.5)$	$100 \times 100 \times 400(26.5)$
抗弯拉弹性模量试件	$150 \times 150 \times 550(31.5)$	$100 \times 100 \times 400(26.5)$
喷射混凝土试件	$100 \times 100 \times 400(31.5)$	$L/\alpha = 3,4,5$ 的其他尺寸,其中 α 宽度不小于 100 mm,L 为长度(mm)
混凝土收缩试件(接触法)	$\phi 100 \times 400(31.5)$	—
混凝土收缩试件(非接触法)	$100 \times 100 \times 515(31.5)$	$200 \times 200 \times 515(53)$,$150 \times 150 \times 515(31.5)$
混凝土限制膨胀率试件	$100 \times 100 \times 400(31.5)$	—
混凝土抗冻试件(快冻法)	$100 \times 100 \times 400(31.5)$	—
混凝土耐磨试件	$150 \times 150 \times 150(31.5)$	$\phi 150 \times l_m$ 芯样试件
抗渗试件	上口直径 175 mm、下口直径 185 mm、高 150 mm 的锥台	上下直径与高度均为 150 mm 的圆柱体
抗氯离子渗透试件	$\phi 100 \times 50(26.5)$	—

注:括号中的数字为试件中集料公称最大粒径,单位 mm。标准试件的最短尺寸大于公称最大粒径 4 倍。

5. 捣棒:直径 16 mm、长约 600 mm 开具有半球形端头的钢质圆棒。

6. 压力机:用于圆柱试件的顶端处理,一般为厚 6 mm 以上的毛玻璃,压板直径应比试模直径大 25 mm 以上。

7. 橡皮锤:应带有质量约 250 g 的橡皮锤头。

8. 钻孔取样机:钻机一般用金刚石钻头,从结构表面垂直钻取,钻机应具有足够的刚度,保证钻取的芯样周面垂直且表面损伤最少。钻芯时,钻头应做无显著偏差的同心运动。

9. 游标卡尺:最大量程不小于 300 mm,分度值为 0.02 mm。

10. 锯:用于切割适于抗弯拉试验的试件。

图 3-5　150 mm×150 mm×150 mm 试模

图 3-6　150 mm×150 mm×550 mm 试模

四、非圆柱体试件成型

1. 水泥混凝土的拌和参照 T0521 的规定进行,成型前试模内壁涂一薄层矿物油。

2. 取拌合物的总量至少应比所需量多 20% 以上,并取出少量混凝土拌合物代表样,在 5 min 内进行坍落度或维勃试验,认为品质合格后,应在 15 min 内开始制件或做其他试验。

3. 坍落度小于 25 mm 时,可采用 ϕ25 mm 的插入式振捣棒成型。将混凝土拌合物一次装入试模,装料时应用抹刀沿各试模壁插捣,并使混凝土拌合物高出试模口;振捣时振捣棒距底板 10~20 mm,且不要接触底板。振捣直到表面出浆为止,且应避免过振,以防止混凝土离析,一般振捣时间为 20 s。振捣棒拔出时要缓慢,拔出后不得留有孔洞。用刮刀刮去多余的混凝土,在临近初凝时,用抹刀抹平。试件抹面与试模边缘高低差不得超过 0.5 mm。

4. 坍落度大于 25 mm 且小于 90 mm 时,用标准振动台成型。将试模放在振动台上夹牢,防止试模自由跳动,将拌合物一次装满试模并稍有富余,开动振动台至混凝土表面出现乳状水泥浆时为止,振动过程中随时添加混凝土使试模常满,记录振动时间(约为维勃秒数的 2~3 倍,一般不超过 90 s)。振动结束后,用金属直尺沿试模边缘刮去多余混凝土,用镘刀将表面初次抹平,待试件收浆后,再次用镘刀将试件仔细抹平,试件抹面与试模边缘的高低差不得超过 0.5 mm。

5. 当坍落度大于 90 mm 时,用人工成型。拌合物分厚度大致相等的两层装入试模。捣固时按螺旋方向从边缘到中心均匀地进行。插捣底层混凝土时,捣棒应到达模底;插捣上层时,捣棒应贯穿上层后插入下层 20~30 mm 处。插捣时应用力将捣棒压下,保持捣棒垂直,不得冲击,捣完一层后,用橡皮锤轻轻击打试模外端面 10~15 下,以填平插捣过程中留下的孔洞。每层插捣次数 100 cm^2 截面积内不得少于 12 次。试件抹面与试模边缘高低差不得超过 0.5 mm。

五、圆柱体试件制作

1. 水泥混凝土的拌和参照 T0521,成型前试模内壁涂一薄层矿物油。

2. 取拌合物的总量至少应比所需量多 20% 以上,并取出少量混凝土拌合物代表样,在 5 min 内进行坍落度或维勃试验,认为品质合格后,应在 15 min 内开始制件或做其他试验。

3. 坍落度小于 25 mm 时,可采用 ϕ25 mm 的插入式振捣棒成型。拌合物分厚度大致相等的两层装入试模。以试模的纵轴为对称轴,呈对称方式填料。插入密度以每层分三次插入。振捣底层时,振捣棒距底板10~20 mm且不要接触底板;振捣上层时,振捣棒插入该层底面下15 mm深。振捣直到表面出浆为止,且应避免过振,以防止混凝土离析。一般时间为20 s。捣完一层后,如有棒坑留下,可用橡皮锤敲击试模侧面10~15下。振捣棒拔出时要缓慢。用刮刀刮去多余的混凝土,在临近初凝时,用抹刀抹平,使表面略低于试模边缘1~2 mm。

4. 当坍落度大于25 mm且小于90 mm时,用标准振动台成型。将试模放在振动台上夹牢,防止试模自由跳动,将拌合物一次装满试模并稍有富余,开动振动台至混凝土表面出现乳状水泥浆时为止。振动过程中随时添加混凝土使试模常满,记录振动时间(约为维勃秒数的2~3倍,一般不超过90 s)。振动结束后,用金属直尺沿试模边缘刮去多余混凝土,用镘刀将表面初次抹平,待试件收浆后,再次用镘刀将试件仔细抹平,使表面略低于试模边缘1~2 mm。

5. 当坍落度大于90 mm时,用人工成型。

对于试件直径φ200 mm,拌合物分厚度大致相等的三层装入试模。以试模的纵轴为对称轴,呈对称方式填料。每层插捣25下,捣固时按螺旋方向从边缘到中心均匀地进行。插捣底层时,捣棒应到达模底,插捣上层时,捣棒插入该层底面下20~30 mm处,插捣时应用力将捣棒压下,不得冲击。捣完一层后,如有棒坑留下,可用橡皮锤敲击试模侧面10~15下。用镘刀将试件仔细抹平,使表面略低于试模边缘1~2 mm。对于试件直径φ100 mm或φ150 mm,分两层装料,各层厚度大致相等。对于试件直径φ150 mm,每层插捣15下。试件直径φ100 mm时,每层插捣8下。捣固时按螺旋方向从边缘到中心均匀地进行。插捣底层时,捣棒应到达模底,插捣上层时,捣棒插入该层底面下15 mm深。用镘刀将试件仔细抹平,使表面略低于试模边缘1~2 mm。

6. 当试样为自密实混凝土时,在新拌混凝土不离析的状态下,将自密实混凝土搅拌均匀后直接倒入试模内,不得使用振动台和插捣方式成型,但可以采用橡皮锤辅助振动。试样一次填满试模后,可用橡皮锤沿着试模中线位置均匀轻轻敲击25次。用抹刀将试件仔细抹平,使表面略低于试模边缘1~2 mm。

7. 对试件端面应进行整平处理,但加盖层的厚度应尽量薄。

(1)拆模前当混凝土具有一定强度后,用水洗去上表面的浮浆,并用干抹布吸去表面水之后,抹上干硬性水泥净浆,用压板均匀地盖在试模顶部。加盖层应与试件的纵轴垂直。为防止压板和水泥浆之间的黏结,应在压板下垫一层薄纸。

(2)对于硬化试件的端面处理,可采用硬石膏或硬石膏和水泥的混合物,加水后平铺在端面,并用压板进行整平,也可采用下面任一方法抹顶:①使用硫黄与矿质粉末的混合物(如耐火黏土粉、石粉等)在180~210 ℃加热(温度更高时将使混合物烘成橡胶状,使强度变弱),摊铺在试件顶面,用试模钢板均匀按压,放置2 h以上即可进行强度试验。②用环氧树脂拌水泥,根据需要硬化时间加入乙二胺,将此浆膏在试件顶面大致摊平,在钢板面上垫一层薄塑料膜,再均匀地将浆膏压平。③有充分时间时,也可用水泥浆膏抹顶,使用矾土水泥的养生时间在18 h以上,使用硅酸盐水泥的养生时间在3 d以上。

(3)对不采用端部整平处理的试件,可采用切割的方法达到端面和纵轴垂直。整平后的端面应与试件的纵轴相垂直,端面的平整度公差在±0.1 mm以内。

六、养护

1. 试件成型后,用湿布覆盖表面(或其他保持湿度办法),在室温 20 ℃±5 ℃,相对湿度大于 50%的环境下,静放一个到两个昼夜,然后拆模并做第一次外观检查、编号,对有缺陷的试件应除去,或加工补平。

2. 将完好试件放入标准养护室进行养护,标准养护室温度为 20 ℃±2 ℃,相对湿度在 95%以上,试件宜放在铁架或木架上,间距 10～20 mm,试件表面应保持一层水膜,并避免用水直接冲淋。当无标准养护室时,将试件放入温度 20 ℃±2 ℃ 的不流动的 $Ca(OH)_2$ 饱和溶液中养护。

3. 标准养护龄期为 28 d(以搅拌加水开始),非标准的龄期为 1 d、3 d、7 d、60 d、90 d、180 d。

水泥混凝土立方体抗压试件制作

七、注意事项

1. 严格按水泥混凝土配合比称量。
2. 选取合格的试模。
3. 养护温度、湿度要符合要求。
4. 试验结束所有的仪器设备需及时冲洗干净。

实训五 水泥混凝土立方体抗压强度试验
（T 0553—2005）

一、概述

水泥混凝土立方体抗压强度是硬化后的水泥混凝土的力学强度指标之一,它是按照标准制作方法制成 150 mm×150 mm×150 mm 的立方体试件,在标养护条件下(温度 20 ℃±2 ℃),相对湿度 95％以上)下,养护至 28 d 龄期,按标准测定方法测得的抗压强度值。

二、目的和适用范围

测定水泥混凝土抗压极限强度,用于确定水泥混凝土的强度等级,作为评定水泥混凝土品质的主要指标。本方法适于各类水泥混凝土立方体试件的极限抗压强度试验,也适用于高径比 1∶1 的钻芯试件。

三、仪具与材料

1. 压力机或万能试验机:如图 3-7,压力机除符合《液压式万能试验机》(GB/T 3159)及《试验机通用技术要求》(GB/T 2611)中的要求外,其测量精度为±1％,试件破坏荷载应大于压力机全量程的 20％且小于压力机全量程的 80％。同时,应具有加荷速度指示装置或加荷速度控制装置。上下压板平整并有足够刚度,可以均匀地连续加荷卸荷,保持固定荷载,开机停机均灵活自如,能够满足试件破型吨位要求。图 3-8 为测试现场。

2. 球座:钢质坚硬,面部平整度要求在 100 mm 距离内高低差值不超过 0.05 mm,球面及球窝粗糙度 R_a＝0.32 μm,研磨、转动灵活。不应在大球座上做小试件破型,球座最好放置在试件顶面(特别是棱柱试件),并凸面朝上,当试件均匀受力后,一般不宜再敲动球座。

3. 混凝土强度等级大于等于 C60 时,试件周围应设置防崩裂网罩。

图 3-7 混凝土压力机

图 3-8 水泥混凝土立方体抗压强度测试

四、试件制备和养护

1. 试件制备和养护应符合 T 0551 的规定。

2. 试件尺寸应符合 T 0551 中表 T 0551-1 的规定。

3. 集料最大粒径应符合 T 0551 中表 T 0551-1 的规定。

4. 混凝土抗压强度试件应同龄期者为一组,每组为 3 个同条件制作和养护的混凝试块。

五、试验步骤

1. 至试验龄期时,自养护室取出试件,应尽快试验,避免其湿度变化。

2. 取出试件,检查其尺寸及形状,相对两面应平行。量出棱边长度,精确至 1 mm。试件受力截面积按其与压力机上下接触面的平均值计算。在破型前,保持试件原有湿度,在试验时擦干试件。

3. 以成型时侧面为上下受压面,试件中心应与压力机几何对中。圆柱体应对端面进行处理,确保端面的平行度。

4. 强度等级小于 C30 的混凝土取 0.3~0.5 MPa/s 的加荷速度;强度等级大于 C30 小于 C60 时,则取 0.5~0.8 MPa/s 的加荷速度;强度等级大于 C60 的混凝土,取 0.8~1.0 MPa/s 的加荷速度。当试件接近破坏而开始迅速变形时,应停止调整试验机油门,直至试件破坏,记下破坏极限荷载 F(N)。

六、结果处理

1. 混凝土立方体试件抗压强度按下式计算:

$$f_{cu} = \frac{F}{A} \tag{3-1}$$

式中:f_{cu}——混凝土立方体抗压强度,MPa;

F——极限荷载,N;

A——受压面积,mm^2。

2. 混凝土强度等级小于 C60 时,非标准试件的抗压强度应乘以尺寸换算系数(见表 3-7),并应在报告中注明。当混凝土强度等级大于等于 C60 时,宜用标准试件,使用非标准试件时,换算系数由试验确定。

水泥混凝土立方体
抗压强度试验

表 3-7 立方体抗压强度尺寸换算系数

试件尺寸/mm	尺寸换算系数	试件尺寸/mm	尺寸换算系数
100×100×100	0.95	200×200×200	1.05

3. 以 3 个试件测值的算术平均值为测定值,计算精确至 0.1 MPa。三个测值中的最大值或最小值中如有一个与中间值之差超过中间值的 15%,则取中间值为测定值;如最大值和最小值与中间值之差均超过中间值的 15%,则该组试验结果无效。

七、试验报告

1. 试验报告应包括以下内容:检测的项目名称、试验依据;原材料的品种、规格和产地;仪器设备的名称、型号及编号;环境温度和湿度;水泥混凝土立方体抗压强度值等。

2. 提交实训报告 28。

八、注意事项

1. 养护条件和龄期应符合要求,试块取出应在规范要求的时间内进行试验。

2. 试件应放在压力机的正确位置,加荷速率应符合要求。

实训报告 28　水泥混凝土立方体抗压强度试验记录

水泥记录：　　　　　　　　　　　　试验编号：

工程名称						施工标段			
施工单位						工程部位			
监理单位						试验仪器			
试验依据						试验日期			
混凝土设计强度等级			拌和方式		振捣方式			养护方式	标养
混凝土配合比报告编号			—	取样地点、时间				坍落度/mm	
试件编号	成型日期	龄期/d	试件尺寸/mm	受压面积/mm²	破坏荷载/kN	抗压强度/MPa		换算后抗压强度/MPa	
						单值	代表值		
1									
2									
3									
备注：					监理意见： 签名： 日期：				

复核：　　　　　计算：　　　　　试验：

实训总结：

实训报告 29　水泥混凝土立方体抗压强度试验报告

水泥报告：　　　　　　　　　　　试验报告：

工程名称				施工标段				
施工单位				工程部位				
监理单位				试验仪器				
试验依据				试验日期				
混凝土设计强度等级		拌和方式		振捣方式			养护方式	标养
混凝土配合比报告编号		—	取样地点、时间				坍落度/mm	

试件强度	试件尺寸/mm	成型日期	压件日期	龄期/d	抗压强度/MPa		换算后抗压强度/MPa
					单值	代表值	
1							
2							
3							
4							
5							
6							
7							

备注：

监理意见：

签名：
日期：

批准：　　　　　　审核：　　　　　　编制：

模块四　沥青进场检测

任务书

表 4-1　沥青进场检测任务书

任务	沥青进场检测		
教学场景	沥青试验室		
任务背景	某工地新进一批沥青,用于拌制沥青混合料,现需取样对该批沥青进行各项技术指标检测,以判定其是否满足技术标准		
实训项目	实训一	沥青取样	
	实训二	沥青试样准备方法	
	实训三	沥青针入度试验	
	实训四	沥青延度试验	
	实训五	沥青软化点试验(环球法)	
能力目标	1. 能正确取样,并进行沥青试样准备; 2. 能用针入度仪测定沥青针入度; 3. 能用延度仪测定沥青延度; 4. 能采用环与球法测定沥青软化点。		
实训要求	1. 6 人左右为一小组,确定组长; 2. 课前熟悉相关的试验规程、具体的试验步骤; 3. 在试验室完成试验仪器、材料准备工作,按试验步骤要求完成试验,并按要求填写记录试验数据,进行数据分析,完成试验报告。		
标准规程	《公路工程沥青及沥青混合料试验规程 JTG E40—2011》		
提交成果	要求填写原始记录表,并填写试验报告(实训33)		

表 4-2　沥青检测项目及频率

材料品种	检测项目	检测频率
A 级 70 号道路石油沥青	针入度、延度、软化点、密度、针入指数、60C 动力黏度、闪点、溶解度、含蜡量、薄膜加热试验	不少于每车检测一次
SBS 改性沥青	针入度、延度、软化点、密度、针入度指标、动力黏度、闪点、溶解度、离析、软化点差、弹性恢复、RTFOT 后残留物、SHRP 性能等级	不少于每车检测一次

实训一　沥青取样法

（T 0601—2011）

一、概述

沥青是沥青混合料的重要原材料之一,施工前应选用符合质量标准的沥青。对经招标程序购进的沥青,供货单位必须提交最新检测的正式试验报告,对国外进口的材料应提供该批次材料的船运单。沥青应按有关规定取样检测,经质量认可后方可订货。沥青从同一来源、同一次购入且储入同一沥青罐同一规格的沥青为一"批"。试样的取样数量与频度按现行试验规程的规定进行。

二、目的与适用范围

1. 本方法适用于在生产厂、储存或交货验收地点为检查沥青产品质量而采集各种沥青材料的样品。

2. 进行沥青性质常规检验的取样数量为:黏稠沥青或固体沥青不少于 4.0 kg,液体沥青不少于 1 L,沥青乳液不少于 4 L。进行沥青性质非常规检验及沥青混合料性质试验所需的沥青数量,应根据实际需要确定。

3. 进行沥青性质常规检验的取样数量为:黏稠沥青或固体沥青不少于 4.0 kg,液体沥青不少于 1 L,沥青乳液不少于 4 L。进行沥青性质非常规检验及沥青混合料性质试验所需的沥青数量,应根据实际需要确定。

三、仪具与材料技术要求

1. 盛样器:根据沥青的品种选择。液体或黏稠沥青采用广口、密封带盖的金属容器(如锅、桶等);乳化沥青也可使用广口、带盖的聚氯乙烯塑料桶;固体沥青可用塑料袋,但需有外包装,以便携运。

2. 沥青取样器:金属制,带塞,塞上有金属长柄提手。形状如图 4-1 所示。

四、方法与步骤

1. 准备工作

检查取样和盛样器是否干净、干燥,盖子是否配合严密。使用过的取样器或金属桶等盛样容器必须洗净、干燥后才可使用。对供质量仲裁用的沥青试样,应采用未使用过的新容器存放,且由供需双方人员共同取样,取样后双方在密封条上签字盖章。

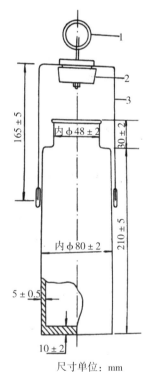

尺寸单位:mm

1—吊环;2—聚四氟乙烯塞;3—手柄

图 4-1　沥青取样器

2. 试验步骤

(1) 从储油罐中取样

① 无搅拌设备的储罐

a.液体沥青或经加热已经变成流体的黏稠沥青取样时,应先关闭进油阀和出油阀,然后取样。

b.用取样器按液面上、中、下位置(液面高各为1/3等分处,但距罐底不得低于总液面高度的1/6)各取1～4 L样品。每层取样后,取样器应尽可能倒净。当储罐过深时,亦可在流出口按不同流出深度分3次取样。对静态存取的沥青,不得仅从罐顶用小桶取样,也不得仅从罐底阀门流出少量沥青取样。

c.将取出的3个样品充分混合后取4 kg样品作为试样,样品也可分别进行检验。

② 有搅拌设备的储罐

将液体沥青或经加热已经变成流体的黏稠沥青充分搅拌后,用取样器从沥青层的中部取规定数量试样。

(2) 从槽车、罐车、沥青洒布车中取样

① 设有取样阀时,可旋开取样阀,待流出至少4 kg或4 L后再取样。取样阀如图4-2所示。

② 仅有放料阀时,待放出全部沥青的1/2时取样。

③ 从顶盖处取样时,可用取样器从中部取样。

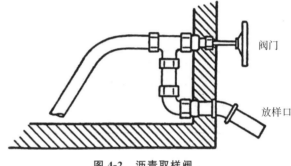

图 4-2　沥青取样阀

(3) 在装料或卸料过程中取样

在装料或卸料过程中取样时,要按时间间隔均匀地取至少3个规定数量样品,然后将这些样品充分混合后取规定数量样品作为试样,样品也可分别进行检验。

(4) 从沥青储存池中取样

沥青储存池中的沥青应待加热熔化后,经管道或沥青泵流至沥青加热锅之后取样。分间隔每锅至少取3个样品,然后将这些样品充分混匀后再取4.0 kg作为试样,样品也可分别进行检验。

(5) 从沥青运输船中取样

沥青运输船到港后,应分别从每个沥青舱取样,每个舱从不同的部位取3个4 kg的样品,混合在一起,将这些样品充分混合后再从中取出4 kg作为一个舱的沥青样品,供检验用。在卸油过程中取样时,应根据卸油量,大体均匀地分间隔3次从卸油口或管道途中的取样口取样,然后混合均匀作为一个样品供检验用。

(6) 从沥青桶中取样

① 当能确认是同一批生产的产品时,可随机取样。当不能确认是同一批生产的产品时,应根据桶数按照表4-3规定或按总桶数的立方根数随机选取沥青桶数。

表 4-3　选取沥青样品桶数

沥青桶总数	选取桶数	沥青桶总数	选取桶数
2～8	2	217～343	7
9～27	3	344～512	8
28～64	4	513～729	9
65～125	5	730～1000	10
126～216	6	1001～1331	11

②将沥青桶加热使桶中沥青全部熔化成流体后,按罐车取样方法取样。每个样品的数量,以充分混合后能满足供检验用样品的规定数量不少于 4.0 kg 要求为限。

③当沥青桶不便加热熔化沥青时,可在桶高的中部将桶凿开取样,但样品应在距桶壁 5 cm 以上的内部凿取,并采取措施防止样品散落地面沾有尘土。

(7)固体沥青取样

从桶、袋、箱装或散装整块中取样时,应在表面以下及容器侧面以内至少 5 cm 处采取。如沥青能够打碎,可用一个干净的工具将沥青打碎后取中间部分试样;若沥青是软塑的,则用一个干净的热工具切割取样。

当能确认是同一批生产的样品时,应随机取出 1 件按本条的规定取 4 kg 供检验用。

(8)在验收地点取样

当沥青到达验收地点卸货时,应尽快取样。所取样品为两份:一份样品用于验收试验,另一份样品留存备查。

3. 样品的保护与存放

(1)除液体沥青、乳化沥青外,所有需加热的沥青试样必须存放在密封带盖的金属容器中,严禁灌入纸袋、塑料袋中存放。试样应存放在阴凉干净处,注意防止试样污染。装有试样的盛样器加盖、密封好并擦拭干净后,应在盛样器上(不得在盖上)标出识别标记,如试样来源、品种、取样日期、地点及取样人。

(2)冬季乳化沥青试样应注意采取妥善防冻措施。

(3)除试样的一部分用于检验外,其余试样应妥善保存备用。

(4)试样需加热采取时,应一次取够一批试验所需的数量装入另一盛样器,其余试样密封保存,应尽量减少重复加热取样。用于质量仲裁检验的样品,重复加热的次数不得超过两次。

五、注意事项

1. 本方法统一将黏稠沥青或固体沥青样品数量规定为不少于 4.0 kg,数量太少缺乏代表性,试验结果可能不准确。

2. 对沥青取样器,本方法列入了按国标所述的示意图,其具体形状和尺寸,具体操作时可根据需要参考示意图确定。

3. 沥青热态长期静放会有轻度的分离,如果仅从储罐顶面用小桶取样,会影响试验结果,是不合适的。

实训二　沥青试样准备方法

（T 0602—2011）

一、目的与适用范围

1. 本方法规定了按 T 0601—2011 取样的沥青试样在试验前的试样准备方法。

2. 本方法适用于黏稠道路石油沥青、煤沥青、聚合物改性沥青等需要加热后才能进行试验的沥青试样，按此法准备的沥青供立即在试验室进行各项试验使用。

3. 本方法也适用于对乳化沥青试样进行各项性能测试。每个样品的数量根据需要决定，常规测定不宜少于 600 g。

二、仪具与材料技术要求

1. 烘箱：200 ℃，装有温度控制调节器。

2. 加热炉具：电炉或燃气炉（丙烷石油气、天然气）。

3. 石棉垫：不小于炉具上面积。

4. 滤筛：筛孔孔径 0.6 mm。

5. 沥青盛样器皿：金属锅或瓷坩埚。

6. 烧杯：1000 mL。

7. 温度计：量程 0～100 ℃及 200 ℃，分度值 0.1 ℃。

8. 天平：称量 2000 g，感量不大于 1 g；称量 100 g，感量不大于 0.1 g。

9. 其他：玻璃棒、溶剂、棉纱等。

三、方法与步骤

1. 热沥青试样制备

（1）将装有试样的盛样器带盖放入恒温烘箱中，当石油沥青试样中含有水分时，烘箱温度 80 ℃左右，加热至沥青全部熔化后供脱水用。当石油沥青中无水分时，烘箱温度宜为软化点温度以上 90 ℃，通常为 135 ℃左右。对取来的沥青试样不得直接采用电炉或燃气炉明火加热。

（2）当石油沥青试样中含有水分时，将盛样器皿放在可控温的沙浴、油浴、电热套上加热脱水，不得已采用电炉、燃气炉加热脱水时必须加放石棉垫。加热时间不超过 30 min，并用玻璃棒轻轻搅拌，防止局部过热。在沥青温度不超过 100 ℃的条件下，仔细脱水至无泡沫为止，最后的加热温度不宜超过软化点以上 100 ℃（石油沥青）或 50 ℃（煤沥青）。

（3）将盛样器中的沥青通过 0.6 mm 的滤筛过滤，不等冷却立即一次灌入各项试验的模具中。当温度下降太多时，宜适当加热再灌模。根据需要也可将试样分装入擦拭干净并干燥的一个或数个沥青盛样器皿中，数量应满足一批试验项目所需的沥青样品。

（4）在沥青灌模过程中，如温度下降可放入烘箱中适当加热，试样冷却后反复加热的次数不得超过两次，以防沥青老化影响试验结果。为避免混进气泡，在沥青灌模时不得反复搅动沥青。

(5)灌模剩余的沥青应立即清洗干净,不得重复使用。

2. 乳化沥青试样制备

(1)将按本规程 T 0601 取有乳化沥青的盛样器适当晃动,使试样上下均匀。试样数量较少时,宜将盛样器上下倒置数次,使上下均匀。

(2)将试样倒出要求数量,装入盛样器皿或烧杯中,供试验使用。

四、注意事项

由于道路沥青取样后送到试验室时通常已冷却固化,本试验方法规定必须用烘箱加热融化沥青。尤其是进行质量仲裁试验时,严禁用电炉或明火加热,以免试验数据失真。

实训三　沥青针入度试验
（T 0604—2011）

一、概述

针入度是评价道路石油沥青路用性能最常用的"三大指标"（针入度、延度、软化点）之一，用以测定道路石油沥青黏滞性的技术指标。我国现行使用的道路石油沥青技术标准中，采用针入度来划分技术等级。针入度值越大，表示沥青越软（稠度越小）。实质上，针入度也是测量沥青稠度的一种指标，通常稠度高的沥青，其黏度亦高。

二、目的与适用范围

本方法适用于测定道路石油沥青、聚合物改性沥青针入度以及液体石油沥青蒸馏或乳化沥青蒸发后残留物的针入度，以 0.1 mm 计。其标准试验条件为 25 ℃。荷重 100 g，贯入时间 5 s。

针入度指数 PI 用以描述沥青的温度敏感性，宜在 15 ℃、25 ℃、30 ℃ 3 个或 3 个以上温度条件下测定针入度后按规定的方法计算得到，若 30 ℃时的针入度值过大，可采用 5 ℃代替。当量软化点 T800 相当于沥青针入度为 800 时的温度，用以评价沥青的高温稳定性。当量脆点 T1.2 相当于沥青针入度为 1.2 时的温度，用以评价沥青的低温抗裂性能。

三、仪具与材料

1. 针入度仪：为提高测试精度，针入度试验宜采用能够自动计时的针入度仪进行测定，要求针和针连杆必须在无明显摩擦下垂直运动，针的贯入深度必须准确至 0.1 mm。针和针连杆组合件总质量为 50 g±0.05 g，另附 50 g±0.05 g 砝码一只，试验时总质量为 100 g±0.05 g。仪器应有放置平底玻璃保温皿的平台，并有调节水平的装置，针连杆应与平台相垂直。应有针连杆制动按钮，使针连杆可自由下落。针连杆应易于装拆，以便检查其质量。仪器还设有可自由转动与调节距离的悬臂，其端部有一面小镜或聚光灯泡，借以观察针尖与试样表面接触情况。应对自动装置的准确性经常校验。当采用其他试验条件时，应在试验结果中注明。

2. 标准针：由硬化回火的不锈钢制成，洛氏硬度 HRC 54～60，表面粗糙度 R_a 0.2～0.3 μm，针及针杆总质量 2.5 g±0.05 g。针杆上应打印有号码标志。针应设有固定用装置盒（筒），以免碰撞针尖，每根针必须附有计量部门的检验单，并定期进行检验。其尺寸及形状如图 4-3 所示。

3. 盛样皿：金属制，圆柱形平底。小盛样皿的内径 55 mm，深 35 mm（适用于针入度小于 200 的试样）；大盛样皿内径 70 mm，深 45 mm（适用于针入度为 200～350 的试样）；对针入度大于 350 的试样需使用特殊盛样皿，其深度不小于 60 mm，容积不少于 125 mL。

4. 恒温水槽：容量不少于 10 L，控温的准确度为 0.1 ℃。水槽中应设有一带孔的搁架，位于水面下不得少于 100 mm，距水槽底不得少于 50 mm。

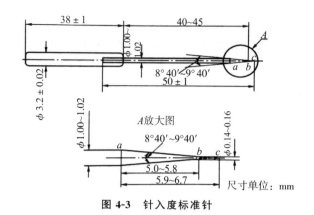

图 4-3　针入度标准针

5. 平底玻璃皿:容量不小于 1 L,深度不小于 80 mm。内设有一不锈钢三脚支架,能使盛样皿稳定。

6. 温度计或温度传感器:精度为 0.1 ℃。

7. 计时器:精度为 0.1 s。

8. 位移计或位移传感器:精度为 0.1 mm。

9. 盛样皿盖:平板玻璃,直径不小于盛样皿开口尺寸。

10. 溶剂:三氯乙烯等。

11. 其他:电炉或沙浴、石棉网、金属锅或瓷把坩埚等。

四、方法与步骤

1. 准备工作

(1)按沥青试样准备方法准备试样。

(2)按试验要求将恒温水槽调节到要求的试验温度 25 ℃,或 15 ℃、30 ℃(或 5 ℃),保持稳定。

(3)将试样注入盛样皿中,试样高度应超过预计针入度值 10 mm,并盖上盛样皿,以防落入灰尘。盛有试样的盛样皿在 15～30 ℃室温中冷却不少于 1.5 h(小盛样皿)、2 h(大盛样皿)或 3 h(特殊盛样皿)后,应移入保持规定试验温度±0.1 ℃的恒温水槽中,并应保温不少于 1.5 h(小盛样皿)、2 h(大试样皿)或 2.5 h(特殊盛样皿)。

(4)调整针入度仪使之水平。检查针连杆和导轨,以确认无水和其他外来物,无明显摩擦。用三氯乙烯或其他溶剂清洗标准针,并擦干。将标准针插入针连杆,用螺钉固紧。按试验条件,加上附加砝码。

2. 试验步骤

(1)取出达到恒温的盛样皿,并移入水温控制在试验温度±0.1 ℃(可用恒温水槽中的水)的平底玻璃皿中的三脚支架上,试样表面以上的水层深度不小于 10 mm。

(2)将盛有试样的平底玻璃皿置于针入度仪的平台上,慢慢放下针连杆,用适当位置的反光镜或灯光反射观察,使针尖恰好与试样表面接触,将位移计或刻度盘指针复位为零。

(3)开始试验,按下释放键,这时计时与标准针落下贯入试样同时开始,至 5 s 时自动停止。

（4）读取位移计或刻度盘指针的读数，准确至 0.1 mm。

（5）同一试样平行试验至少 3 次，各测试点之间及与盛样皿边缘的距离不应小于 10 mm。每次试验后应将盛有盛样皿的平底玻璃皿放入恒温水槽，使平底玻璃皿中水温保持试验温度。每次试验应换一根干净标准针或将标准针取下用蘸有三氯乙烯溶剂的棉花或布揩净，再用干棉花或布擦干。

（6）测定针入度大于 200 的沥青试样时，至少用 3 支标准针，每次试验后将针留在试样中，直至 3 次平行试验完成后，才能将标准针取出。

（7）测定针入度指数 PI 时，按同样的方法在 15 ℃、25 ℃、30 ℃（或 5 ℃）3 个或 3 个以上（必要时增加 10 ℃、20 ℃等）温度条件下分别测定沥青的针入度，但用于仲裁试验的温度条件应为 5 个。

五、结果整理

同一试样 3 次平行试验结果的最大值和最小值之差在下列允许误差范围内时，计算 3 次试验结果的平均值，取整数作为针入度试验结果，以 0.1 mm 计。

针入度（0.1 mm）	允许误差（0.1 mm）
0～49	2
50～14	4
150～249	12
250～500	20

当试验值不符合此要求时，应重新进行试验。

六、允许误差

1. 当试验结果小于 50（0.1 mm）时，重复性试验的允许误差为 2（0.1 mm），再现性试验的允许误差为 4（0.1 mm）。

2. 当试验结果大于或等于 50（0.1 mm）时，重复性试验的允许误差为平均值的 4%，再现性试验的允许误差为平均值的 8%。

七、注意事项

1. 考虑到测定针入度值的影响因素较多（温度、时间、人的影响），为提高测试精度，因此要求针入度试验宜采用能够自动计时的针入度仪进行测定。针入度试验的关键是标准针的形状与尺寸，标准针必须要有计量部门的检验单方可使用。

2. 在准备工作中，对盛有试样的试样皿在室温下冷却及水槽中保温的时间，统一规定为不少于 1.5 h（小盛样皿）、2.0 h（大盛样皿）或 2.5 h（特殊盛样皿）。

八、实训报告

提交实训报告 30。

沥青针入度试验

实训报告 30　沥青针入度试验记录

沥青记录：　　　　　　　　　　　　　　试验编号：

产品名称		施工标段	
施工单位		工程部位	
监理单位		试验仪器	
试验依据		试验日期	
沥青种类及牌号		代表数量/kg	

序号	试验温度/℃	针入度/0.1 mm			平均值/0.1 mm
		1	2	3	
1					
2					
3					

备注：	监理意见： 签名： 日期：

复核：　　　　　　　　计算：　　　　　　　　试验：

平行试验误差：

实训总结：

实训四　沥青延度试验

（T 0605—2011）

一、概述

延度是评价道路石油沥青路用性能最常用的"三大指标"（针入度、延度、软化点）之一。塑性是指沥青在外力作用下发生变形而不破坏的能力，用延度表示。延度越大，塑性越好，沥青的柔性和抗裂性越好。在常温下，塑性好的沥青不易产生裂缝，并可减少摩擦时的噪声。同时，对于沥青在温度降低时抵抗开裂的性能有重要影响。

二、目的与适用范围

1. 本方法适用于测定道路石油沥青、聚合物改性沥青、液体石油沥青蒸馏残留物和乳化沥青蒸发残留物等材料的延度。

2. 沥青延度的试验温度与拉伸速率可根据要求采用，通常采用的试验温度为 25 ℃、15 ℃、10 ℃ 或 5 ℃，拉伸速度为 5 cm/min ± 0.25 cm/min。当低温采用 1 cm/min ± 0.5 cm/min 拉伸速度时，应在报告中注明。

三、仪具与材料技术要求

1. 延度仪：延度仪的测量长度不宜大于 150 cm，仪器应有自动控温、控速系统。应满足试件浸没于水中，能保持规定的试验温度及规定的拉伸速度拉伸试件，且试验时应无明显振动。该仪器的形状及组成如图 4-4 所示。

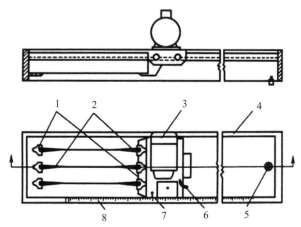

1—试模；2—试样；3—电机；4—水槽；5—泄水孔；6—开关阀；7—指针；8—标尺

图 4-4　延度仪

2. 试模：黄铜制，由两个端模和两个侧模组成，试模内侧表面粗糙度 R_a 0.2 μm。其形状及尺寸如图 4-5 所示。

3. 试模底板:玻璃板或磨光的铜板、不锈钢板(表面粗糙度 R_a 0.2 μm)。

4. 恒温水槽:容量不少于 10 L,控制温度的准确度为 0.1 ℃。水槽中应设有带孔搁架,搁架距水槽底不得小于 50 mm。试件浸入水中深度不小于 100 mm。

5. 温度计:量程 0~50 ℃,分度值 0.1 ℃。

6. 沙浴或其他加热炉具。

7. 甘油滑石粉隔离剂(甘油与滑石粉的质量比 2:1)。

8. 其他:平刮刀、石棉网、酒精、食盐等。

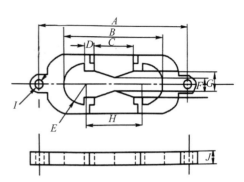

A—两端模环中心点距离 111.5~113.5 mm;
B—试件总长 74.5~75.5 mm;C—端模间距 29.7~30.3 mm;D—肩长 6.8~7.2 mm;
E—半径 15.75~16.25 mm;F—最小横断面宽 9.9~10.1 mm;G—端模口宽 19.8~20.2 mm;H—两半圆心间距离 42.9~43.1 mm;I—端模孔直径 6.5~6.7 mm;
J—厚度 9.9~10.1 mm

图 4-5　延度仪试模

四、方法与步骤

1. 准备工作

(1)将隔离剂拌和均匀,涂于清洁干燥的试模底板和两个侧模的内侧表面并将试模在试模图底板上装妥。

(2)按 T 0602 规定的方法准备试样,然后将试样仔细自试模的一端至另一端往返数次缓缓注入模中,最后略高出试模。灌模时不得使气泡混入。

(3)试件在室温中冷却不少于 1.5 h,然后用热刮刀刮除高出试模的沥青,使沥青面与试模面齐平。沥青的刮法应自试模的中间刮向两端,且表面应刮得平滑。将试模连同底板再放入规定试验温度的水槽中保温 1.5 h。

(4)检查延度仪延伸速度是否符合规定要求,然后移动滑板使其指针正对标尺的零点。将延度仪注水,并保温达到试验温度±0.1 ℃。

2. 试验步骤

(1)将保温后的试件连同底板移入延度仪的水槽中,然后将盛有试样的试模自玻璃板或不锈钢板上取下,将试模两端的孔分别套在滑板及槽端固定板的金属柱上,并取下侧模。水面距试件表面应不小于 25 mm。

(2)开动延度仪,并注意观察试样的延伸情况。此时应注意,在试验过程中,水温应始终保持在试验温度规定范围内,且仪器不得有振动,水面不得晃动;当水槽采用循环水时,应暂时中断循环,停止水流。在试验中,当发现沥青细丝浮于水面或沉入槽底时,应在水中加入酒精或食盐,调整水的密度至与试样相近后,重新试验。

(3)试件拉断时,读取指针所指标尺上的读数,以 cm 计。在正常情况下,试件延伸时应成锥尖状,拉断时实际断面接近于零。如不能得到这种结果,则应在报告中注明。

五、结果整理

同一样品,每次平行试验不少于 3 个,如 3 个测定结果均大于 100 cm,试验结果记作">100 cm";特殊需要也可分别记录实测值。3 个测定结果中,当有一个以上的测定值小于

100 cm 时,若最大值或最小值与平均值之差满足重复性试验要求,则取 3 个测定结果的平均值的整数作为延度试验结果,若平均值大于 100 cm,记作">100 cm";若最大值或最小值与平均值之差不符合重复性试验要求时,试验应重新进行。

六、注意事项

1. 试件在室温中冷却不少于 1.5 h,然后用热刮刀刮除高出试模的沥青。

2. 当延度仪设备水槽的温度能够精确控制在试验温度±0.1 ℃时,试件可以在仪器的水槽中保温。

七、实训报告

提交实训报告 31。

沥青延度试验

实训报告 31 沥青延度试验记录

沥青记录：   试验编号：

产品名称		施工标段	
施工单位		工程部位	
监理单位		试验仪器	
试验依据		试验日期	
沥青种类及牌号		代表数量/kg	

序号	试验温度 /℃	延度/cm			平均值 /cm
		1	2	3	
1					
2					
3					

备注：	监理意见： 签名： 日期：

复核：   计算：   试验：

平行试验误差：

实训总结：

实训五 沥青软化点试验(环球法)
(T 0606—2011)

一、概述

软化点是评价道路石油沥青路用性能最常用的"三大指标"(针入度、延度、软化点)之一。在工程实际中,为保证沥青不致由于温度升高而产生流动的状态,取滴落点和硬化点之间温度间隔的87.21%为软化点。软化点越高,表明沥青的耐热性越好,即温度性越好。

二、目的与适用范围

本方法适用于测定道路石油沥青、聚合物改性沥青的软化点,也适用于测定液体石油沥青、煤沥青蒸馏残留物或乳化沥青蒸发残留物的软化点。

三、仪具与材料技术要求

1. 软化点试验仪:如图4-6所示,由下列部件组成:

(1)钢球:直径9.53 mm,质量3.50 g±0.05 g。

(2)试样环:黄铜或不锈钢等制成。形状和尺寸如图4-7所示。

(3)钢球定位环:黄铜或不锈钢制成。形状和尺寸如图4-8所示。

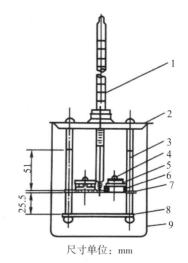

尺寸单位:mm

1—温度计;2—上盖板;3—立杆;4—钢球;5—钢球定位环;6—金属环;7—中层板;8—下层板;9—烧杯

图4-6 软化点试验仪

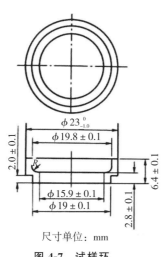

尺寸单位:mm

图4-7 试样环

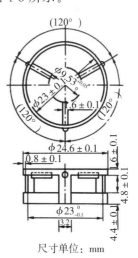

尺寸单位:mm

图4-8 钢球定位环

(4)金属支架:由两个主杆和三层平行的金属板组成。上层为一圆盘,直径略大于烧杯直径,中间有一圆孔,用以插放温度计。中层板形状和尺寸如图 4-9 所示。板上有两个孔,各放置金属环,中间有一小孔可支持温度计的测温端部。一侧立杆距环上面 51 mm 处刻有水高标记。环下面距下层底板为 25.4 mm,而下底板距烧杯底不小于 12.7 mm,也不得大于 19 mm。三层金属板和两个主杆由两螺母固定在一起。

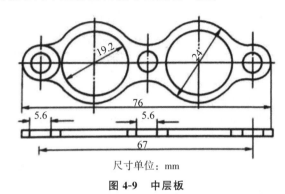

尺寸单位:mm

图 4-9　中层板

(5)耐热玻璃烧杯:容量 800～1000 mL,直径不小于 86 mm,高不小于 120 mm。

(6)温度计:量程 0～100 ℃,分度值 0.5 ℃。

2. 装有温度调节器的电炉或其他加热炉具(液化石油气、天然气等)。应采用带有振荡搅拌器的加热电炉,振荡子置于烧杯底部。

3. 当采用自动软化点仪时,各项要求应与上面相同,温度采用温度传感器测定并能自动显示或记录,且应对自动装置的准确性经常校验。

4. 试样底板:金属板(表面粗糙度应达 R_a 0.8 μm)或玻璃板。

5. 恒温水槽:控温的准确度为±0.5 ℃。

6. 平直刮刀。

7. 甘油、滑石粉隔离剂(甘油与滑石粉的质量比为 2∶1)。

8. 蒸馏水或纯净水。

9. 其他:石棉网。

四、方法与步骤

1. 准备工作

(1)将试样环置于涂有甘油滑石粉隔离剂的试样底板上。按 T 0602 的规定方法将准备好的沥青试样徐徐注入试样环内至略高出环面为止。如估计试样软化点高于 120 ℃,则试样环和试样底板(不用玻璃板)均应预热至 80～100 ℃。

(2)试样在室温冷却 30 min 后,用热刮刀刮除环面上的试样,应使其与环面齐平。

2. 试验步骤

(1)试样软化点在 80 ℃ 以下者:

①将装有试样的试样环连同试样底板置于装有 5 ℃±0.5 ℃水的恒温水槽中至少 15 min,同时将金属支架、钢球、钢球定位环等亦置于相同水槽中。

②烧杯内注入新煮沸并冷却至 5 ℃的蒸馏水或纯净水,水面略低于立杆上的深度标记。

③从恒温水槽中取出盛有试样的试样环放置在支架中层板的圆孔中,套上定位环;然后将整个环架放入烧杯中,调整水面至深度标记,并保持水温为 5 ℃±0.5 ℃。环架上任何部分不得附有气泡。将 0~100 ℃的温度计由上层板中心孔垂直插入,使端部测温头底部与试样环下面齐平。

④将盛有水和环架的烧杯移至放有石棉网的加热炉具上,然后将钢球放在定位环中间的试样中央,立即开动电磁振荡搅拌器,使水微微振荡,并开始加热,使杯中水温在 3 min 内调节至维持每分钟上升 5 ℃±0.5 ℃。在加热过程中,应记录每分钟上升的温度值,如温度上升速度超出此范围,则试验应重做。

⑤试样受热软化逐渐下坠,至与下层底板表面接触时,立即读取温度,准确至 0.5 ℃。

(2)试样软化点在 80 ℃以上者:

①将装有试样的试样环连同试样底板置于装有 32 ℃±1 ℃甘油的恒温槽中至少15 min,同时将金属支架、钢球、钢球定位环等亦置于甘油中。

②在烧杯内注入预先加热至 32 ℃的甘油,其液面略低于立杆上的深度标记。

③从恒温槽中取出装有试样的试样环,按上述方法进行测定,准确至 1 ℃。

五、结果整理

同一试样平行试验两次,当两次测定值的差值符合重复性试验允许误差要求时,取其平均值作为软化点试验结果,准确至 0.5 ℃。

六、允许误差

1. 当试样软化点小于 80 ℃时,重复性试验的允许误差为 1 ℃,再现性试验的允许误差为 4 ℃。

2. 当试样软化点大于或等于 80 ℃时,重复性试验的允许误差为 2 ℃,再现性试验的允许误差为 8 ℃。

七、注意事项

1. 对道路石油沥青来说,软化点不可能高于 80 ℃,但对一些聚合物改性沥青、建筑石油沥青,软化点可能高于 80 ℃。

2. 软化点试验采用电磁振荡搅拌器使水循环的方法,可以使水温更加均匀。

八、实训报告

提交实训报告 32。

沥青软化点试验

实训报告 32　沥青软化点(环球法)试验记录

沥青记录：　　　　　　　　　　　试验编号：

产品名称		施工标段	
施工单位		工程部位	
监理单位		试验仪器	
试验依据		试验日期	
沥青种类及牌号		代表数量/kg	

试验环号	开始加热液体温度/℃	烧杯中液体温度上升记录/℃															软化点/℃	
		第1分钟末	第2分钟末	第3分钟末	第4分钟末	第5分钟末	第6分钟末	第7分钟末	第8分钟末	第9分钟末	第10分钟末	第11分钟末	第12分钟末	第13分钟末	第14分钟末	第15分钟末	单值	平均值
1																		
2																		

备注：	监理意见： 签名： 日期：

复核：　　　　　　　计算：　　　　　　　试验：

平行试验误差：

实训总结：

实训报告 33　沥青检测报告

沥青记录：　　　　　　　　　　报告编号：

产品名称		施工标段	
施工单位		工程部位	
监理单位		试验仪器	
试验依据		报告日期	
沥青种类及牌号		代表数量/kg	

试验项目	检测结果	技术要求	结论
针入度 25 ℃,100 g, 5 s/0.1 mm			
延度 5 cm/min,5 ℃/cm			
软化点/℃			
针入度指数 PI			

备注：	监理意见： 签名： 日期：

批准：　　　　　　　审核：　　　　　　　编制：

模块五　沥青混合料性能检测

学习目标

◇能准确进行混合料取样；

◇能进行沥青混合料试件制作(击实法)；

◇能进行压实沥青混合料密度试验(表干法)；

◇能进行沥青混合料马歇尔稳定度试验；

◇能进行沥青混合料车辙试验。

任务书

表 5-1　沥青混合料性能检测任务书

任务	沥青混合料性能检测	
教学场景	沥青混合料试验室	
任务背景	工地要进行沥青混合料路面施工,需进行沥青混合料路用性能检测,以判定其是否满足要求	
实训项目	实训一	沥青混合料取样
	实训二	沥青混合料试件制作方法(击实法)
	实训三	压实沥青混合料密度试验(表干法)
	实训四	沥青混合料马歇尔稳定度试验
	实训五	沥青混合料车辙试验
能力目标	1. 能准确进行沥青混合料取样； 2. 能用击实法进行沥青混合料试件制作； 3. 能用表干法测定压实沥青混合料密度； 4. 能用马歇尔试验仪进行沥青混合料马歇尔稳定度试验； 5. 能用车辙试验机进行沥青混合料车辙试验。	
实训要求	1.6 人左右为一小组,确定组长； 2. 课前熟悉相关的试验规程、具体的试验步骤； 3. 在试验室完成试验仪器与材料准备工作,按试验步骤要求完成试验,并按要求填写记录试验数据,进行数据分析,完成试验报告。	
标准规程	《公路工程沥青及沥青混合料试验规程》(JTG E40—2011)	
提交成果	要求填写原始记录表,并填写试验报告(实训报告 35)	

表 5-2　沥青混合料路面用性能指标

材料品种	检测指标
沥青混合料	计算理论最大相对密度、毛体积相对密度、空隙率、沥青饱和度、矿料间隙率、稳定度、流值、48 小时残留稳定度、冻融劈裂强度比、动稳定度

实训一　沥青混合料取样法
（T 0701—2011）

一、概述

沥青混合料的取样与试验结果有很重要的关系,根据我国实际情况,本方法规定了在拌和厂、运料车及施工现场取样。

二、目的与适用范围

本方法适用于在拌和厂及道路施工现场采集热拌沥青混合料或常温沥青混合料试样,供施工过程中的质量检验或在试验室测定沥青混合料的各项物理力学性质。所取的试样应有充分的代表性。

三、仪具与材料技术要求

1. 铁锹。

2. 手铲。

3. 搪瓷盘或其他金属盛样容器、塑料编织袋。

4. 温度计:分度为 1 ℃。宜采用有金属插杆的插入式数显温度计,金属插杆的长度应不小于 150 mm。量程 0～30 ℃。

5. 其他:标签、溶剂(汽油)、棉纱等。

四、取样方法

1. 取样数量

取样数量应符合下列要求:

(1)试样数量根据试验目的决定,宜不少于试验用量的 2 倍。一般情况下可按表 5-3 取样。平行试验应加倍取样。在现场取样直接装入试模成型时,也可等量取样。

(2)取样材料用于仲裁试验时,取样数量除应满足本取样方法规定外,还应多取一份备用样,保留到仲裁结束。

表 5-3　常用沥青混合料试验项目的样品数量

试验项目	目的	最少试样量/kg	取样量/kg
马歇尔试验、抽提筛分	施工质量检验	12	20
车辙试验	高温稳定性检验	40	60
浸水马歇尔试验	水稳定性检验	12	20
冻融劈裂试验	水稳定性检验	12	20
弯曲试验	低温性能检验	15	25

2. 取样方法

(1)沥青混合料应随机取样,并具有充分的代表性。用以检查拌和质量(如油石比、矿料级配)时,应从拌和机一次放料的下方或提升斗中取样,不得多次取样混合后使用。用以评定混合料质量时,必须分几次取样,拌和均匀后作为代表性试样。

(2)热拌沥青混合料在不同地方取样的要求

①在沥青混合料拌和厂取样

在拌和厂取样时,宜用专用的容器(一次可装5～8 kg)装在拌和机卸料斗下方(图5-1),每放一次料取一次样,顺次装入试样容器中,每次倒在清扫干净的平板上,连续几次取样,混合均匀,按四分法取样至足够数量。

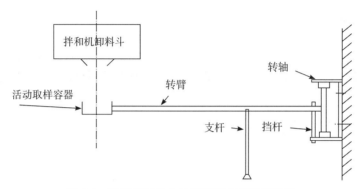

图 5-1　装在拌和机上的沥青混合料取样装置

②在沥青混合料运料车上取样

在运料汽车上取沥青混合料样品时,宜在汽车装料一半后,分别用铁锹从不同方向的3个不同高度处取样;然后混在一起用手铲适当拌和均匀,取出规定数量。在施工现场的运料车上取样时,应在卸料一半后从不同方向取样,样品宜从3辆不同的车上取样混合使用。

注意:在运料车上取样时不得仅从满载的运料车车顶上取样,且不允许只在一辆车上取样。

③在道路施工现场取样

在施工现场取样时,应在摊铺后未碾压前,摊铺宽度两侧的1/2～1/3位置处取样,用铁锹取该摊铺层的料。每摊铺一车料取一次样,连续3车取样后,混合均匀按四分法取样至足够数量。

(3)热拌沥青混合料每次取样时,都必须用温度计测量温度,准确至1 ℃。

(4)乳化沥青常温混合料试样的取样方法与热拌沥青混合料相同,但宜在乳化沥青破乳水分蒸发后装袋,对袋装常温沥青混合料亦可直接从储存的混合料中随机取样,取样袋数不少于3袋,使用时将3袋混合料倒出做适当拌和,按四分法取出规定数量试样。

(5)液体沥青常温沥青混合料的取样方法同上。当用汽油稀释时,必须在溶剂挥发后方可封袋保存;当用煤油或柴油稀释时,可在取样后即装袋保存,保存时应特别注意防火安全。

(6)从碾压成型的路面上取样时,应随机选取3个以上不同地点,钻孔、切割或刨取该层混合料。需重新制作试件时,应加热拌匀按四分法取样至足够数量。

3. 试样的保存与处理

(1)热拌热铺的沥青混合料试样需送至中心试验室或质量检测机构做质量评定时(如车

辙试验），由于二次加热会影响试验结果，必须在取样后趁高温立即装入保温桶内，送到试验室后立即成型试件，试件成型温度不得低于规定要求。

（2）热混合料需要存放时，可在温度下降至 60 ℃后装入塑料编织袋内，扎紧袋口，并宜低温保存，应防止潮湿、淋雨等，且时间不宜太长。

（3）在进行沥青混合料质量检验或进行物理力学性质试验时，当采集的试样温度下降或结成硬块不符合温度要求时，宜用微波炉或烘箱加热至符合压实的温度，通常加热时间不宜超过 4 h，且只容许加热一次，不得重复加热。不得用电炉或燃气炉明火局部加热。

五、样品的标记

1. 取样后当场试验时，可将必要的项目一并记录在试验记录报告上。此时，试验报告必须包括取样时间、地点、混合料温度、取样数量、取样人等栏目。

2. 取样后转送试验室试验或存放后用于其他项目试验时，应附有样品标签。标签应记载下列内容：

（1）工程名称、拌和厂名称；

（2）沥青混合料种类及摊铺层次、沥青品种、标号、矿料种类、取样时混合料温度及取样位置或用以摊铺的路段桩号等；

（3）试样数量及试样单位；

（4）取样人、取样日期；

（5）取样目的或用途。

六、注意事项

1. 温度计宜采用有金属插杆的插入式数显温度计。

2. 对取样的数量要求应该根据取样的目的和试验的需要确定取样数量，本试验方法中的取样数量仅作为参考，实际上这个数量的试样供试验往往是不够的。

3. 沥青混合料取样后应该立即使用，工地试验室取样进行马歇尔试验质量检验应该立即击实成型。制作过程中余下的试样应该放在烘箱中保温，防止温度下降影响击实效果。

实训二　沥青混合料试件制作方法(击实法)
(T 0702—2011)

一、概述

沥青混合料试件制作有多种方式,其中击实法是最为常见常用的一种方法。

二、目的与适用范围

1. 本方法适用于采用标准击实法或大型击实法制作沥青混合料试件,以供试验室进行沥青混合料物理力学性质试验使用。

2. 标准击实法适用于标准马歇尔试验、间接抗拉试验(劈裂法)等所使用的 $\phi 101.6$ mm×63.5 mm 圆柱体试件的成型。大型击实法适用于大型马歇尔试验和 $\phi 152.4$ mm×95.3 mm 大型圆柱体试件的成型。

3. 沥青混合料试件制作时的条件及试件数量应符合下列规定:

(1)当集料公称最大粒径小于或等于 26.5 mm 时,采用标准击实法。一组试件的数量不少于 4 个。

(2)当集料公称最大粒径大于 26.5 mm 时,宜采用大型击实法。一组试件数量不少于 6 个。

三、仪具与材料技术要求

1. 自动击实仪:击实仪应具有自动计数、控制仪表、按钮设置、复位及暂停等功能。按其用途分为以下两种:

(1)标准击实仪:由击实锤、$\phi 98.5$ mm±0.5 mm 平圆形压实头及带手柄的导向棒组成。用机械将压实锤提升,至 457.2 mm±1.5 mm 高度沿导向棒自由落下连续击实,标准击实锤质量 4536 g±9 g。

(2)大型击实仪:由击实锤 $\phi 149.4$±0.1 mm 平圆形压实头及带手柄的导向棒组成。用机械将压实锤提升,至 457.2 mm±2.5 mm 高度沿导向棒自由落下击实,大型击实锤质量 10210 g±10 g。

2. 试验室用沥青混合料拌和机:能保证拌和温度并充分拌和均匀,可控制拌和时间,容量不小于 10 L,如图 5-2 所示。搅拌叶自转速度 70~80 r/min,公转速度 40~50 r/min。

3. 试模:由高碳钢或工具钢制成,几何尺寸如下:

(1)标准击实仪试模的内径为 101.6 mm±0.2 mm,圆柱形金属筒高 87 mm,底座直径约 120.6 mm,套筒内径 104.8 mm,高 70 mm。

(2)大型击实仪的试模与套筒尺寸如图 5-3 所示。套筒外径 165.1 mm,内径 155.6 mm±0.3 mm,总高 83 mm。试模内径 152.4 mm±0.2 mm,总高 115 mm;底座板厚 12.7 mm,直径 172 mm。

4. 脱模器:电动或手动,应能无破损地推出圆柱体试件,备有标准试件及大型试件尺寸

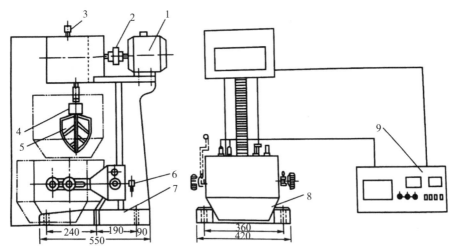

1—电机；2—联轴器；3—变速箱；4—弹簧；5—拌和叶片；6—升降手柄；
7—底座；8—加热拌和阀；9—温度时间控制仪

图 5-2　试验室用沥青混合料拌和机

的推出环。

5. 烘箱：大、中型各 1 台，应有温度调节器。

6. 天平或电子秤：用于称量沥青的，感量不大于 0.1 g；用于称量矿料的，感量不大于 0.5 g。

7. 布洛克菲尔德黏度计。

8. 插刀或大螺丝刀。

9. 温度计：分度值 1 ℃。宜采用有金属插杆的插入式数显温度计，金属插杆的长度不小于 150 mm。量程 0～300 ℃。

10. 其他：电炉或煤气炉、沥青熔化锅、拌和铲、标准筛、滤纸（或普通纸）、胶布、卡尺、秒表、粉笔、棉纱等。

四、准备工作

1. 确定制作沥青混合料试件的拌和温度与压实温度

（1）按规程测定沥青的黏度，绘制黏温曲线。按表 5-4 的要求确定适宜于沥青混合料拌和及压实的等黏温度。

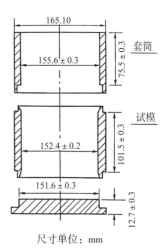

尺寸单位：mm

**图 5-3　大型圆柱体试件的
试模与套筒**

（2）当缺乏沥青黏度测定条件时，试件的拌和与压实温度可按表 5-5 选用，并根据沥青品种和标号做适当调整。针入度小、稠度大的沥青取高限，针入度大、稠度小的沥青取低限，一般取中值。

（3）对改性沥青，应根据实践经验、改性剂的品种和用量，适当提高混合料的拌和和压实温度；对大部分聚合物改性沥青，通常在普通沥青的基础上提高 10～20 ℃；掺加纤维时，尚需再提高 10 ℃左右。

表 5-4 确定沥青混合料拌和及压实等黏温度的要求条件

沥青结合料种类	黏度与测定方法	适宜于拌和的沥青结合料黏度/(Pa·s)	适宜于压实的沥青结合料黏度/(Pa·s)
石油沥青	表观黏度	0.17±0.02	0.28±0.03

注:液体沥青混合料的压实成型温度按石油沥青要求执行。

表 5-5 沥青混合料拌和及压实温度参考表

沥青结合料种类	拌和温度/℃	压实温度/℃
石油沥青	140~160	120~150
改性沥青	160~175	140~170

(4)常温沥青混合料的拌和及压实在常温下进行。

2.沥青混合料试件的制作条件

(1)在拌和厂或施工现场采取沥青混合料制作试样时,按规程 T 0701 的方法取样,将试样置于烘箱中加热或保温,在混合料中插入温度计测量温度,待混合料温度符合要求后成型。需要拌和时可倒入已加热的室内沥青混合料拌和机中适当拌和,时间不超过 1 min。不得在电炉或明火上加热炒拌。

(2)在试验室人工配制沥青混合料时,试件的制作按下列步骤进行:

①将各种规格的矿料置 105 ℃±5 ℃的烘箱中烘干至恒重(一般不少于 4~6 h)。

②将烘干分级的粗、细集料,按每个试件设计级配要求称其质量,在一金属盘中混合均匀,矿粉单独放入小盆里;然后置烘箱中加热至沥青拌和温度以上约 15 ℃(采用石油沥青时通常为 163 ℃,采用改性沥青时通常为 180 ℃)备用。一般按一组试件(每组 4~6 个)备料,但进行配合比设计时宜对每个试件分别备料。常温沥青混合料的矿料不应加热。

③将按规程 T 0601 采取的沥青试样,用烘箱加热至规定的沥青混合料拌和温度,但不得超过 175 ℃。当不得已采用燃气炉或电炉直接加热进行脱水时,必须使用石棉垫隔开。

五、拌制沥青混合料

1.黏稠石油沥青混合料

(1)用蘸有少许黄油的棉纱擦净试模、套筒及击实座等,置 100 ℃左右烘箱中加热 1 h 备用。常温沥青混合料用试模不加热。

(2)将沥青混合料拌和机提前预热至拌和温度以上 10 ℃左右。

(3)将加热的粗细集料置于拌和机中,用小铲子适当混合;然后加入需要数量的沥青(如沥青已称量在一专用容器内时,可在倒掉沥青后用一部分热矿粉将粘在容器壁上的沥青擦拭掉并一起倒入拌和锅中),开动拌和机一边搅拌一边使拌和叶片插入混合料中拌和 1~1.5 min;暂停拌和,加入加热的矿粉,继续拌和至均匀为止,并使沥青混合料保持在要求的拌和温度范围内。标准的总拌和时间为 3 min。

2.液体石油沥青混合料

将每组(或每个)试件的矿料置已加热至 55~100 ℃的沥青混合料拌和机中,注入要求数量的液体沥青,并将混合料边加热边拌和,使液体沥青中的溶剂挥发至 50% 以下。拌和时间应事先试拌决定。

3. 乳化沥青混合料

将每个试件的粗细集料置于沥青混合料拌和机(不加热,也可用人工炒拌)中,注入计算的用水量(阴离子乳化沥青不加水)后,拌和均匀并使矿料表面完全湿润;再注入设计的沥青乳液用量,在 1 min 内使混合料拌匀;然后加入矿粉后迅速拌和,使混合料拌成褐色为止。

六、成型方法

1. 击实法的成型步骤

(1)将拌好的沥青混合料,用小铲适当拌和均匀,称取一个试件所需的用量(标准马歇尔试件约 1200 g,大型马歇尔试件约 4050 g)。当已知沥青混合料的密度时,可根据试件的标准尺寸计算并乘以 1.03 得到要求的混合料数量。当一次拌和几个试件时,宜将其倒入经预热的金属盘中,用小铲适当拌和均匀分成几份,分别取用。在试件制作过程中,为防止混合料温度下降,应连盘放在烘箱中保温。

(2)从烘箱中取出预热的试模及套筒,用蘸有少许黄油的棉纱擦拭套筒、底座及击实锤底面。将试模装在底座上,放一张圆形的吸油性小的纸,用小铲将混合料铲入试模中,用插刀或大螺丝刀沿周边插捣 15 次,中间捣 10 次,插捣后将沥青混合料表面整平。对大型击实法的试件,混合料分两次加入,每次插捣次数同上。

(3)插入温度计至混合料中心附近,检查混合料温度。

(4)待混合料温度符合要求的压实温度后,将试模连同底座一起放在击实台上固定。在装好的混合料上面垫一张吸油性小的圆纸,再将装有击实锤及导向棒的压实头放入试模中。开启电机,使击实锤从 457 mm 的高度自由落下到击实规定的次数(75 次或 50 次)。对大型试件,击实次数为 75 次(相应于标准击实的 50 次)或 112 次(相应于标准击实 75 次)。

(5)试件击实一面后,取下套筒,将试模翻面,装上套筒;然后以同样的方法和次数击实另一面。乳化沥青混合料试件在两面击实后,将一组试件在室温下横向放置 24 h;另一组试件置温度为 105±5 ℃的烘箱中养生 24 h。将养生试件取出后再立即两面锤击各 25 次。

(6)试件击实结束后,立即用镊子取掉上下面的纸,用卡尺量取试件离试模上口的高度并由此计算试件高度。高度不符合要求时,试件应作废,并按式(5-1)调整试件的混合料质量,以保证高度符合 63.5±1.3 mm(标准试件)或 95.3±2.5 mm(大型试件)的要求。

$$调整后混合料质量=\frac{要求试件高度×原用混合料质量}{所需试件的高度} \qquad (5-1)$$

2. 卸去套筒和底座,将装有试件的试模横向放置,冷却至室温后(不少于 12 h),置脱模机上脱出试件。用于现场马歇尔指标检验的试件,在施工质量检验过程中如急需试验,允许采用电风扇吹冷 1 h 或浸水冷却 3 min 以上的方法脱模;但浸水脱模法不能用于测量密度、空隙率等各项物理指标。

3. 将试件仔细置于干燥洁净的平面上,供试验用。

七、注意事项

1. 由于人工击实人为误差太大,所以,均应采用自动击实仪。

沥青混合料试件
制作方法

2. 根据实践经验,对聚合物改性沥青,按黏温曲线确定的等黏温度往往偏高,所以用此方法确定改性沥青混合料的拌和及压实温度不太合适,但目前还没有其他合适的方法。因此,在应用本方法确定改性沥青混合料的拌和与压实温度时,还应该结合工程中的实践经验,确定合理的拌和与压实温度。

八、实训报告

提交实训报告 34。

实训三　压实沥青混合料密度试验(表干法)
(T 0705—2011)

一、概述

压实沥青混合料试件密度或相对密度的测定方法在实际使用中是一个非常重要而又困难的问题。压实沥青混合料试件的密度试验方法有 4 种:表干法、水中重法、蜡封法和体积法,不同的方法适用于不同的情况,使用时应根据实际情况按相关的规定选择。其中表干法是最基本的方法。

二、目的与适用范围

1. 本方法适用于测定吸水率不大于 2% 的各种沥青混合料试件,包括密级配沥青混凝土、沥青玛蹄脂碎石混合料(SMA)和沥青稳定碎石等沥青混合料试件的毛体积相对密度和毛体积密度。标准温度为 25 ℃±0.5 ℃。

2. 本方法测定的毛体积相对密度和毛体积密度适用于计算沥青混合料试件的空隙率、矿料间隙率等各项体积指标。

三、仪具与材料技术要求

1. 浸水天平或电子天平:当最大称量在 3 kg 以下时,感量不大于 0.1 g;最大称量 3 kg 以上时,感量不大于 0.5 g。应有测量水中重的挂钩。

2. 网篮。

3. 溢流水箱:如图 5-4 所示,使用洁净水,有水位溢流装置,保持试件和网篮浸入水中后的水位一定。能调整水温至 25 ℃±0.5 ℃。

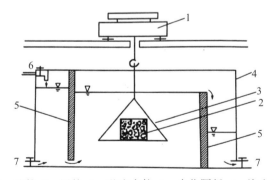

1—浸水天平;2—试件;3—网篮;4—溢流水箱;5—水位隔板;6—注入口;7—放水阀门

图 5-4　溢流水箱及下挂法水中称量方法示意

4. 试件悬吊装置:天平下方悬吊网篮及试件的装置,吊线应采用不吸水的细尼龙线绳,并有足够的长度。对轮碾成型机成型的板块状试件可用铁丝悬挂。

5. 秒表。

6. 毛巾。

7. 电风扇或烘箱。

四、方法与步骤

1. 准备试件。本试验可以采用室内成型的试件，也可以采用工程现场钻芯、切割等方法获得的试件。试验前试件宜在阴凉处保存（温度不宜高于 35 ℃），且放置在水平的平面上，注意不要使试件产生变形。

2. 选择适宜的浸水天平或电子天平，最大称量应满足试件质量的要求。

3. 除去试件表面的浮粒，称取干燥试件的空中质量（m_a），根据选择的天平的感量读数，准确至 0.1 g 或 0.5 g。

4. 将溢流水箱水温保持在 25±0.5 ℃。挂上网篮，浸入溢流水箱中，调节水位，将天平调平并复零，把试件置于网篮中（注意不要使水晃动）浸入水中 3～5 min，称取水中质量（m_w）。若天平读数持续变化，不能很快达到稳定，说明试件吸水较严重，不适用于此法测定，应改用蜡封法测定。

5. 从水中取出试件，用洁净柔软的拧干湿毛巾轻轻擦去试件的表面水（不得吸走空隙内的水），称取试件的表干质量（m_f）。从试件拿出水面到擦拭结束不宜超过 5 s，称量过程中流出的水不得再擦拭。

6. 对从工程现场钻取的非干燥试件，可先称取水中质量（m_w）和表干质量（m_f），然后用电风扇将试件吹干至恒重（一般不少于 12 h，当不需进行其他试验时，也可用 60±5 ℃烘箱烘干至恒重），再称取空中质量（m_a）。

五、计算

1. 按式（5-2）计算试件的吸水率，取 1 位小数。

$$S_a = \frac{m_f - m_a}{m_f - m_w} \times 100 \tag{5-2}$$

式中：S_a——试件的吸水率，%；

m_a——干燥试件的空中质量，g；

m_w——试件的水中质量，g；

m_f——试件的表干质量，g。

2. 按式（5-3）及式（5-4）计算试件的毛体积相对密度和毛体积密度，取 3 位小数。

$$\gamma_f = \frac{m_a}{m_f - m_w} \tag{5-3}$$

$$\rho_f = \frac{m_a}{m_f - m_w} \times \rho_w \tag{5-4}$$

式中：γ_f——试件毛体积相对密度，无量纲；

ρ_f——试件毛体积密度，g/cm³；

ρ_w——水的密度，取 0.9971 g/cm³。

3. 按式（5-5）计算试件的空隙率，取 1 位小数。

$$VV = (1 - \frac{\gamma_f}{\gamma_t}) \times 100 \tag{5-5}$$

式中：VV——试件的空隙率，%。

γ_t——沥青混合料理论最大相对密度，计算或实测得到，无量纲。

γ_f——试件的毛体积相对密度，无量纲，通常采用表干法测定；当试件吸水率$S_a>$2%时，宜采用蜡封法测定；当按规定容许采用水中重法测定时，也可采用表观相对密度代替。

4. 按式(5-6)计算矿料的合成毛体积相对密度，取3位小数。

$$\gamma_{sb}=\frac{100}{\dfrac{P_1}{\gamma_1}+\dfrac{P_2}{\gamma_2}+\cdots+\dfrac{P_n}{\gamma_n}}\qquad(5\text{-}6)$$

式中：γ_{sb}——矿料的合成毛体积相对密度，无量纲。

$P_1,P_2,\cdots,P_n$——各种矿料质量占矿料总质量的百分率，%，其和为100。

$\gamma_1,\gamma_2,\cdots,\gamma_n$——各种矿料的相对密度，无量纲。采用《公路工程集料试验规程》(JTG E42—2005)的方法进行测定，粗集料按 T 0304 方法测定；机制砂及石屑可按 T0330 方法测定，也可以用筛出的 2.36～4.75 mm 部分按 T 0304 方法测定的毛体积相对密度代替；矿粉(含消石灰、水泥)采用表观相对密度。

5. 按式(5-7)计算矿料的合成表观相对密度，取3位小数。

$$\gamma_{sa}=\frac{100}{\dfrac{P_1}{\gamma_1'}+\dfrac{P_2}{\gamma_2'}+\cdots+\dfrac{P_n}{\gamma_n'}}\qquad(5\text{-}7)$$

式中：γ_{sa}——矿料的合成表观相对密度，无量纲；

$\gamma_1',\gamma_2',\cdots,\gamma_n'$——各种矿料的表观相对密度，无量纲。

6. 确定矿料的有效相对密度，取3位小数。

(1)对非改性沥青混合料，采用真空法实测理论最大相对密度，取平均值。按式(5-8)计算合成矿料的有效相对密度γ_{se}。

$$\gamma_{se}=\frac{100-P_b}{\dfrac{100}{\gamma_t}-\dfrac{P_b}{\gamma_b}}\qquad(5\text{-}8)$$

式中：γ_{se}——合成矿料的有效相对密度，无量纲；

P_b——沥青用量，即沥青质量占沥青混合料总质量的百分比，%；

γ_t——实测的沥青混合料理论最大相对密度，无量纲；

γ_b——25 ℃时沥青的相对密度，无量纲。

(2)对改性沥青及 SMA 等难以分散的混合料，有效相对密度宜直接由矿料的合成毛体积相对密度与合成表观相对密度按式(5-9)计算确定，其中沥青吸收系数 C 值根据材料的吸水率由式(5-10)求得，合成矿料的吸水率按式(5-11)计算。

$$\gamma_{se}=C\times\gamma_{sa}+(1-C)\times\gamma_{sb}\qquad(5\text{-}9)$$

$$C=0.033w_x^2-0.2936w_x+0.9339\qquad(5\text{-}10)$$

$$w_x=\left(\frac{1}{\gamma_{sb}}-\frac{1}{\gamma_{sa}}\right)\times100\qquad(5\text{-}11)$$

式中：C——沥青吸收系数，无量纲；

w_x——合成矿料的吸水率，%。

7. 确定沥青混合料的理论最大相对密度,取 3 位小数。

(1)对非改性的普通沥青混合料,采用真空法实测沥青混合料的理论最大相对密度 γ_t。

(2)对改性沥青或 SMA 混合料宜按式(5-12)或式(5-13)计算沥青混合料对应油石比的理论最大相对密度。

$$\gamma_t = \frac{100 + P_a}{\dfrac{100}{\gamma_{se}} + \dfrac{P_a}{\gamma_b}} \tag{5-12}$$

$$\gamma_t = \frac{100 + P_a + P_x}{\dfrac{100}{\gamma_{se}} + \dfrac{P_a}{\gamma_b} + \dfrac{P_x}{\gamma_x}} \tag{5-13}$$

式中:γ_t——计算沥青混合料对应油石比的理论最大相对密度,无量纲;

P_a——油石比,即沥青质量占矿料总质量的百分比,%

$$P_a = \left(\frac{P_b}{100 - P_b}\right) \times 100$$

P_x——纤维用量,即纤维质量占矿料总质量的百分比,%;

γ_x——25 ℃时纤维的相对密度,由厂方提供或实测得到,无量纲;

γ_{se}——合成矿料的有效相对密度,无量纲;

γ_b——25 ℃时沥青的相对密度,无量纲。

(3)对旧路面钻取芯样的试件缺乏材料密度、配合比及油石比的沥青混合料,可以采用真空法实测沥青混合料的理论最大相对密度 γ_t。

8. 按式(5-14)~式(5-16)计算试件的空隙率、矿料间隙率 VMA 和有效沥青的饱和度 VFA,取 1 位小数。

$$VV = \left(1 - \frac{\gamma_f}{\gamma_t}\right) \times 100 \tag{5-14}$$

$$VMA = \left(1 - \frac{\gamma_f}{\gamma_{sb}} \times \frac{P_s}{100}\right) \times 100 \tag{5-15}$$

$$VFA = \frac{VMA - VV}{VMA} \times 100 \tag{5-16}$$

式中:VV——沥青混合料试件的空隙率,%;

VMA——沥青混合料试件的矿料间隙率,%;

VFA——沥青混合料试件的有效沥青饱和度,%;

PS——各种矿料质量占沥青混合料总质量的百分率之和,%,$P_s = 100 - P_b$;

γ_{sb}——矿料的合成毛体积相对密度,无量纲。

9. 按式(5-17)~式(5-19)计算沥青结合料被矿料吸收的比例及有效沥青含量、有效沥青体积百分率,取 1 位小数。

$$P_{ba} = \frac{\gamma_{se} - \gamma_{sb}}{\gamma_{se} \times \gamma_{sb}} \times \gamma_b \times 100 \tag{5-17}$$

$$P_{be} = p_b - \frac{P_{ba}}{100} \times P_s \tag{5-18}$$

$$V_{be} = \frac{\gamma_f \times P_{be}}{\gamma_b} \tag{5-19}$$

式中:P_{ba}——沥青混合料中被矿料吸收的沥青质量占矿料总质量的百分率,%;

　　　P_{be}——沥青混合料中的有效沥青含量,%;

　　　V_{be}——沥青混合料试件的有效沥青体积百分率,%。

10. 按式(5-20)计算沥青混合料的粉胶比,取 1 位小数

$$FB=\frac{P_{0.075}}{P_{be}} \tag{5-20}$$

式中:FB——粉胶比,沥青混合料的矿料中 0.075 mm 通过率与有效沥青含量的比值,无量纲;

　　　$P_{0.075}$——矿料级配中 0.075 mm 的通过百分率(水洗法),%。

11. 按式(5-21)计算集料的比表面积,按式(5-22)计算沥青混合料沥青膜有效厚度。各种集料粒径的表面积系数按表 5-6 取用。

$$SA=\sum(P_i\times FA_i) \tag{5-21}$$

$$DA=\frac{P_{be}}{\rho_b\times P_s\times SA}\times 1000 \tag{5-22}$$

式中:SA——集料的比表面积,m^2/kg;

　　　P_i——集料各粒径的质量通过百分率,%;

　　　FA_i——各筛孔对应集料的表面积系数,m^2/kg,按表 5-6 确定;

　　　DA——沥青膜有效厚度,μm;

　　　ρ_b——沥青 25 ℃时的密度,g/cm^3。

表 5-6　集料的表面积系数及比表面积计算示例

筛孔尺寸/mm	19	16	13.2	9.5	4.75	2.36	1.18	0.6	0.3	0.15	0.075
表面积系数 FA_i/(m^2/kg)	0.0041	—	—	—	0.0041	0.0082	0.0164	0.0287	0.0614	0.1229	0.3277
集料各粒径的质量通过百分率 P_i/%	100	92	85	76	60	42	32	23	16	12	6
集料的比表面积 $FA_i\times P_i$/(m^2/kg)	0.41	—	—	—	0.25	0.34	0.52	0.66	0.98	1.47	1.97
集料比表面积总和 SA/(m^2/kg)	SA=0.41+0.25+0.34+0.52+0.66+0.98+1.47+1.97=6.60										

注:矿料级配中大于 4.75 mm 集料的表面积系数 FA 均取 0.0041。计算集料比表面积时,大于 4.75 mm 集料的比表面积只计算一次,即只计算最大粒径对应部分。如表 5-6,该例的 SA=6.60 m^2/kg,若沥青混合料的有效沥青含量为 4.65%,沥青混合料的沥青用量为 4.8%,沥青的密度 1.03 g/cm^3,$P_s=95.2$,则沥青膜厚度 DA=4.65/(95.2×1.03×6.60)×1000=7.19 μm。

12. 粗集料骨架间隙率可按式(5-23)计算,取 1 位小数。

$$VCA_{mix} = 100 - \frac{\gamma_f}{\gamma_{ca}} \times P_{ca} \tag{5-23}$$

式中:VCA_{mix}——粗集料骨架间隙率,%。

P_{ca}——矿料中所有粗集料质量占沥青混合料总质量的百分率,%,按式(5-24)计算得到

$$P_{ca} = P_s \times PA_{4.75}/100 \tag{5-24}$$

$PA_{4.75}$——矿料级配中 4.75 mm 筛余量,即 100 减去 4.75 mm 通过率。

注:$PA_{4.75}$对于一般沥青混合料为矿料级配中 4.75 mm 筛余量,对于公称最大粒径不大于 9.5 mm 的 SMA 混合料为 2.36 mm 筛余量,对特大粒径根据需要可以选择其他筛孔。

γ_{ca}——矿料中所有粗集料的合成毛体积相对密度,按式(5-25)计算,无量纲。

$$\gamma_{ca} = \frac{P_{1c} + P_{2c} + \cdots + P_{nc}}{\dfrac{P_{1c}}{\gamma_{1c}} + \dfrac{P_{2c}}{\gamma_{2c}} + \cdots + \dfrac{P_{nc}}{\gamma_{nc}}} \tag{5-25}$$

$P_{1c}, \cdots, P_{nc}$——矿料中各种粗集料质量占矿料总质量的百分比,%;

$\gamma_{1c}, \cdots, \gamma_{nc}$——矿料中各种粗集料的毛体积相对密度。

应在试验报告中注明沥青混合料的类型及测定密度采用的方法。

六、允许误差

试件毛体积密度试验重复性的允许误差为 0.020 g/cm³。试件毛体积相对密度试验重复性的允许误差为 0.020。

七、注意事项

用表干法测定毛体积密度时,关键是在用拧干的湿毛巾擦试件表面时要营造一种实际的饱和面干状态,表面既不能有多余的水膜,又不能把吸入孔隙中的水分擦走,得到真实的毛体积密度。

八、实训报告

提交实训报告 34。

压实沥青混合料
密度试验

实训四 沥青混合料马歇尔稳定度试验
（T 0709—2011）

一、概述

马歇尔试验是目前沥青混合料中最重要的一个试验方法,是沥青混合料配合比设计及沥青路面施工质量控制最重要的试验项目,其数据的真实性十分重要。

二、目的与适用范围

1. 本方法适用于马歇尔稳定度试验和浸水马歇尔稳定度试验,以进行沥青混合料的配合比设计或沥青路面施工质量检验。浸水马歇尔稳定度试验(根据需要,也可进行真空饱水马歇尔试验)供检验沥青混合料受水损害时抵抗剥落的能力时使用,通过测试其水稳定性检验配合比设计的可行性。

2. 本方法适用于按规程 T 0702 成型的标准马歇尔试件圆柱体和大型马歇尔试件圆柱体。

三、仪具与材料技术要求

1. 沥青混合料马歇尔试验仪:分为自动式和手动式。自动马歇尔试验仪应具备控制装置,具有记录荷载-位移曲线,自动测定荷载与试件的垂直变形,能自动显示和存储或打印试验结果等功能。手动式由人工操作,试验数据通过操作者目测后读取数据。

对用于高速公路和一级公路的沥青混合料宜采用自动马歇尔试验仪。

(1)当集料公称最大粒径小于或等于 26.5 mm 时,宜采用 ϕ101.66 mm×63.5 mm 的标准马歇尔试件,试验仪最大荷载不得小于 25 kN,读数准确至 0.1 kN,加载速率应能保持 50 mm/min±5 mm/min。钢球直径 16 mm±0.05 mm,上下压头曲率半径为 50.8 mm±0.08 mm。

(2)当集料公称最大粒径大于 26.5 mm 时,宜采用 ϕ152.4 mm×95.3 mm 大型马歇尔件,试验仪最大荷载不得小于 50 kN,读数准确至 0.1 kN。上下压头的曲率内径为 ϕ152.4 mm ±0.2 mm,上下压头间距 19.05 mm±0.1 mm。大型马歇尔试件的压头尺寸如图 5-5 所示。

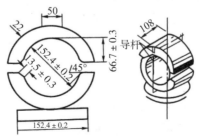

尺寸单位：mm

图 5-5 大型马歇尔试验的压头

2. 恒温水槽:控温准确至 1 ℃,深度不小于 150 mm。

3. 真空饱水容器:包括真空泵及真空干燥器。

4. 烘箱。

5. 天平:感量不大于 0.1 g。

6. 温度计:分度值 1 ℃。

7. 卡尺。

8. 其他:棉纱、黄油。

四、标准马歇尔试验方法

1. 准备工作

(1)按 T 0702 标准击实法成型马歇尔试件,标准马歇尔试件尺寸应符合直径 101.6 mm±0.2 mm、高 63.5 mm±1.3 mm 的要求。对大型马歇尔试件,尺寸应符合直径 152.4 mm±0.2 mm、高 95.3 mm±2.5 mm 的要求。一组试件的数量不得少于 4 个,并符合 T 0702 的规定。

(2)量测试件的直径及高度:用卡尺测量试件中部的直径,用马歇尔试件高度测定器或用卡尺在十字对称的 4 个方向量测离试件边缘 10 mm 处的高度,准确至 0.1 mm,并以其平均值作为试件的高度。如试件高度不符合 63.5 mm±1.3 mm 或 95.3 mm±2.5 mm 要求或两侧高度差大于 2 mm,此试件应作废。

(3)按规程规定的方法测定试件的密度,并计算空隙率、沥青体积百分率、沥青饱和度、矿料间隙率等体积指标。

(4)将恒温水槽调节至要求的试验温度,对黏稠石油沥青或烘箱养生过的乳化沥青混合料为 60 ℃±1 ℃,对煤沥青混合料为 33.8 ℃±1 ℃,对空气养生的乳化沥青或液体沥青混合料为 25 ℃±1 ℃。

2. 试验步骤

(1)将试件置于已达规定温度的恒温水槽中保温,保温时间对标准马歇尔试件需 30~40 min,对大型马歇尔试件需 45~60 min。试件之间应有间隔,底下应垫起,距水槽底部不小于 5 cm。

(2)将马歇尔试验仪的上下压头放入水槽或烘箱中达到同样温度。将上下压头从水槽或烘箱中取出并把内面擦拭干净。为使上下压头滑动自如,可在下压头的导棒上涂少量黄油。再将试件取出置于下压头上,盖上上压头,然后装在加载设备上。

(3)在上压头的球座上放妥钢球,并对准荷载测定装置的压头。

(4)当采用自动马歇尔试验仪时,将自动马歇尔试验仪的压力传感器、位移传感器与计算机或 X-Y 记录仪正确连接,调整好适宜的放大比例,压力和位移传感器调零。

(5)当采用压力环和流值计时,将流值计安装在导棒上,使导向套管轻轻地压住上压头,同时将流值计读数调零。调整压力环中百分表,对零。

(6)启动加载设备,使试件承受荷载,加载速度为 50 mm/min±5 mm/min。计算机或 X-Y 记录仪自动记录传感器压力和试件变形曲线并将数据自动存入计算机。

(7)当试验荷载达到最大值的瞬间,取下流值计,同时读取压力环中百分表读数及流值计的流值读数。

（8）从恒温水槽中取出试件至测出最大荷载值的时间,不得超过 30 s。

五、浸水马歇尔试验方法

浸水马歇尔试验方法与标准马歇尔试验方法的不同之处在于,试件在已达规定温度恒温水槽中的保温时间为 48 h,其余步骤均与标准马歇尔试验方法相同。

六、真空饱水马歇尔试验方法

试件先放入真空干燥器中,关闭进水胶管,开动真空泵,使干燥器的真空度达到 97.3 kPa(730 mmHg)以上,维持 15 min;然后打开进水胶管,靠负压进入冷水流使试件全部浸入水中,浸水 15 min 后恢复常压,取出试件再放入已达规定温度的恒温水槽中保温 48 h。其余均与标准马歇尔试验方法相同。

七、计算

1. 试件的稳定度及流值

（1）当采用自动马歇尔试验仪时,将计算机采集的数据绘制成压力和试件变形曲线,或由 X-Y 记录仪自动记录的荷载-变形曲线,按图 5-6 所示的方法在切线方向延长曲线与横坐标相交于 O_1 点,将 O_1 点作为修正原点,从 O_1 点起量取相应于荷载最大值时的变形值作为流值（FL）,以 mm 计,准确至 0.1 mm。最大荷载即为稳定度（MS）,以 kN 计,准确至 0.01 kN。

（2）采用压力环和流值计测定时,根据压力环标定曲线,将压力环中百分表的读数换

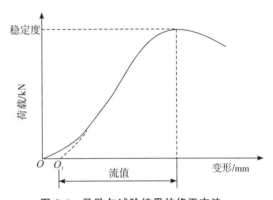

图 5-6 马歇尔试验结果的修正方法

算为荷载值,或者由荷载测定装置读取的最大值即为试样的稳定度（MS）,以 kN 计,准确至 0.01 kN。由流值计及位移传感器测定装置读取的试件垂直变形,即为试件的流值（FL）,以 mm 计,准确至 0.1 mm。

2. 试件的马歇尔模数按式(5-26)计算。

$$T = \frac{MS}{FL} \tag{5-26}$$

式中:T——试件的马歇尔模数,kN/mm;

  MS——试件的稳定度,kN;

  FL——试件的流值,mm。

3. 试件的浸水残留稳定度按式(5-27)计算。

$$MS_0 = \frac{MS_1}{MS} \times 100 \tag{5-27}$$

式中:MS_0——试件的浸水残留稳定度,%;

  MS_1——试件浸水 48 h 后的稳定度,kN。

4. 试件的真空饱水残留稳定度按式(5-28)计算。

$$MS_0' = \frac{MS_2}{MS} \times 100 \tag{5-28}$$

式中：MS_0'——试件的真空饱水残留稳定度，%；

MS_2——试件真空饱水后浸水 48 h 的稳定度，kN。

八、结果整理

1. 当一组测定值中某个测定值与平均值之差大于标准差的 k 倍时，该测定值应予舍弃，并以其余测定值的平均值作为试验结果。当试件数目 n 为 3、4、5、6 时，k 值分别为 1.15、1.46、1.67、1.82。

2. 报告中需列出马歇尔稳定度、流值、马歇尔模数，以及试件尺寸、密度、空隙率、沥青用量、沥青体积百分率、沥青饱和度、矿料间隙率等各项物理指标。当采用自动马歇尔试验时，试验结果应附上荷载-变形曲线原件或自动打印结果。

九、注意事项

1. 马歇尔试验变异性与试件的成型高度密切相关，尤其对空隙率的影响可能很大，所以试件制作时要严格控制试件高度，高度不符合要求者一定要剔除。

2. 对用于高速公路和一级公路的沥青混合料，宜采用计算机或 X-Y 记录仪自动测定的自动马歇尔试验仪进行试验，在出具报告时附上荷载-变形的曲线原件或自动打印结果。

3. 有时会出现马歇尔试验的荷载-变形曲线的顶部很平坦的现象，即荷载增加很小，变形却持续不断增大，改性沥青和 SMA 混合料也经常出现这种情况，致使对应于最大荷载(稳定度)处的变形(流值)很大。在这种情况下，可以以最大荷载的 98% 对应的变形值作为流值，但应该在试验报告中如实说明。

十、实训报告

提交实训报告 34。

沥青混合料马歇尔
稳定度试验

实训报告 34 沥青混合料马歇尔击实试验记录表

沥青记录： 试验编号：

工程名称		施工标段				
施工单位		工程部位				
监理单位		试验仪器				
试验依据		试验日期				

沥青种类及牌号			沥青比重			
取样时间、地点			混合料类型			
击实温度/℃			击实次数(双面)/次			

试件编号		1	2	3	4	5	平均值
沥青含量/%							
试件厚度/mm	1						—
	2						—
	3						—
	4						—
	5						—
	平均值						
空中质量/g							—
水中质量/g							—
饱和面干质量/g							—
密度	毛体积相对密度						
	计算最大相对密度						
空隙率/%							
矿料间隙率/%							
饱和度/%							
稳定度(0.5 h)/kN							
流值/0.1 mm							

备注：	监理意见： 签名： 日期：

复核： 计算： 试验：

实训报告 35　沥青混合料马歇尔试验报告

沥青记录：　　　　　　　　　　　　报告编号：

工程名称		施工标段	
施工单位		工程部位	
监理单位		试验仪器	
试验依据		试验日期	
沥青种类及牌号		沥青比重	
取样时间、地点		混合料类型	

击实温度/℃		击实次数（双面）/次		
试验项目	规定值	实测值		结论
沥青含量/%				
密度	计算最大相对密度	—		
	毛体积相对密度	—		
沥青含量/%	—			
空隙率/%				
饱和度/%				
矿料间隙率/%				
稳定度/kN				
流值/0.1 mm				

结论：

备注：	监理意见： 签名： 日期：

批准：　　　　　　　　审核：　　　　　　　编制：

实训五　沥青混合料车辙试验
（T 0719—2011）

一、概述

沥青混合料的车辙试验是试件在规定的温度及荷载条件下，测定试验轮往返行走所形成的车辙变形速率，以每产生 1 mm 变形的行走次数即动稳定度表示。车辙试验是沥青混合料性能检验中最重要的指标。

二、目的与适用范围

1. 本方法适用于测定沥青混合料的高温抗车辙能力，供沥青混合料配合比设计时的高温稳定性检验使用，也可用于现场沥青混合料的高温稳定性检验。

2. 车辙试验的温度与轮压（试验轮与试件的接触压强）可根据有关规定和需要选用，非经注明，试验温度为 60 ℃，轮压为 0.7 MPa。根据需要，如在寒冷地区也可采用 45 ℃，在高温条件下试验温度可采用 70 ℃等，对重载交通的轮压可增加至 1.4 MPa，但应在报告中注明。计算动稳定度的时间原则上为试验开始后 45～60 min 之间。

3. 本方法适用于用轮碾成型机碾压成型的长 300 mm、宽 300 mm、厚 50～100 mm 的板块状试件。根据工程需要也可采用其他尺寸的试件。本方法也适用于现场切割板块状试件，切割试件的尺寸根据现场面层的实际情况由试验确定。

三、仪具与材料技术要求

1. 车辙试验机：如图 5-7 所示。它主要由下列部分组成：

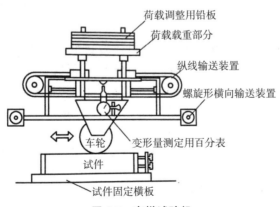

图 5-7　车辙试验机

（1）试件台：可牢固地安装两种宽度（300 mm 及 150 mm）规定尺寸试件的试模。

（2）试验轮：橡胶制的实心轮胎，外径 200 mm，轮宽 50 mm，橡胶层厚 15 mm。橡胶硬度（国际标准硬度）20 ℃时为 84±4，60 ℃时为 78±2。试验轮行走距离为 230 mm±

10 mm,往返碾压速度为 42 次/min±1 次/min(21 次往返/min)。采用曲柄连杆驱动加载轮往返运行方式。

注:轮胎橡胶硬度应注意检验,不符合要求者应及时更换。

加载装置:通常情况下试验轮与试件的接触压强在 60 ℃时为 0.7 MPa±0.05 MPa,施加的总荷载为 780 N 左右,根据需要可以调整接触压强大小。

(4)试模:钢板制成,由底板及侧板组成,试模内侧尺寸宜长为 300 mm,宽为 300 mm,厚为 50～100 mm,也可根据需要对厚度进行调整。

(5)试件变形测量装置:自动采集车辙变形并记录曲线的装置,通常用位移传感器 LVDT 或非接触位移计。位移测量范围 0～130 mm,精度±0.01 mm。

(6)温度检测装置:自动检测并记录试件表面及恒温室内温度的传感器,精度±0.5 ℃。温度应能自动连续记录。

2. 恒温室:恒温室应具有足够的空间。车辙试验机必须整机安放在恒温室内,装有加热器、气流循环装置及装有自动温度控制设备,同时恒温室还应有至少能保温 3 块试件并进行试验的条件。保持恒温室温度 60 ℃±1 ℃(试件内部温度 60 ℃±0.5 ℃),根据需要也可采用其他试验温度。

3. 台秤:称量 15 kg,感量不大于 5 g。

四、方法与步骤

1. 准备工作

(1)试验轮接地压强测定:测定在 60 ℃时进行,在试验台上放置一块 50 mm 厚的钢板,其上铺一张毫米方格纸,上铺一张新的复写纸,以规定的 700 N 荷载后试验轮静压复写纸,即可在方格纸上得出轮压面积,并由此求得接地压强。当压强不符合 0.7 MPa±0.05 MPa 时,荷载应予适当调整。

(2)用轮碾成型法制作车辙试验试块。在试验室或工地制备成型的车辙试件,板块状试件尺寸为长 300 mm×宽 300 mm×厚 50～100 mm(厚度根据需要确定)。也可从路面切割得到需要尺寸的试件。

(3)当直接在拌和厂取拌和好的沥青混合料样品制作车辙试验试件检验生产配合比设计或混合料生产质量时,必须将混合料装入保温桶中,在温度下降至成型温度之前迅速送达试验室制作试件。如果温度稍有不足,可放在烘箱中稍事加热(时间不超过 30 min)后成型,但不得将混合料放冷却后二次加热重塑制作试件。重塑制件的试验结果仅供参考,不得用于评定配合比设计检验是否合格的标准。

(4)如需要,将试件脱模按规定的方法测定密度及空隙率等各项物理指标。

(5)试件成型后,连同试模一起在常温条件下放置的时间不得少于 12 h。对聚合物改性沥青混合料,放置的时间以 48 h 为宜,使聚合物改性沥青充分固化后方可进行车辙试验,室温放置时间不得长于一周。

2. 试验步骤

(1)将试件连同试模一起,置于已达到试验温度 60 ℃±1 ℃的恒温室中,保温不少于 5 h,也不得超过 12 h。在试件的试验轮不行走的部位上,粘贴一个热电偶温度计(也可在试件制作时预先将热电偶导线埋入试件一角),控制试件温度稳定在 60 ℃±0.5 ℃。

（2）将试件连同试模移置于轮辙试验机的试验台上,试验轮在试件的中央部位,其行走方向需与试件碾压或行车方向一致。开动车辙变形自动记录仪,然后启动试验机,使试验轮往返行走,时间约 1 h,或最大变形达到 25 mm 时为止。试验时,记录仪自动记录变形曲线及试件温度。

注:对试验变形较小的试件,也可对一块试件在两侧 1/3 位置上进行两次试验,然后取平均值。

五、计算

1. 从图 5-8 上读取 45 min(t_1)及 60 min(t_2)时的车辙变形 d_1 及 d_2,准确至 0.01 mm。

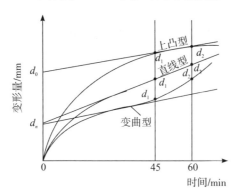

图 5-8　车辙试验自动记录的变形曲线

当变形过大,在未到 60 min 变形已达 25 mm 时,则以达到 25 mm(d_2)的时间为 t_2,将其前 15 min 为 t_1,此时的变形量为 d_1。

2. 沥青混合料试件的动稳定度按式(5-29)计算。

$$DS = \frac{(t_2 - t_1) \times N}{d_2 - d_1} \times C_1 \times C_2 \qquad (5\text{-}29)$$

式中:DS——沥青混合料的动稳定度,次/min;

　　　d_1——对应于时间 t_1 的变形量,mm;

　　　d_2——对应于时间 t_2 的变形量,mm;

　　　C_1——试验机类型系数,曲柄连杆驱动加载轮往返运行方式为 1.0;

　　　C_2——试件系数,试验室制备宽 300 mm 的试件为 1.0;

　　　N——试验轮往返碾压速度,通常为 42 次/min。

六、结果整理

1. 同一沥青混合料或同一路段路面,至少平行试验 3 个试件。当 3 个试件动稳定度变异系数不大于 20%时,取其平均值作为试验结果;变异系数大于 20%时应分析原因,并追加试验。如计算动稳定度值大于 6000 次/mm,记作:>6000 次/mm。

2. 试验报告应注明试验温度、试验轮接地压强、试件密度、空隙率及试件制作方法等。

七、允许误差

重复性试验动稳定度变异系数不大于 20%。

八、注意事项

1. 车辙试验的温度应能反映夏季高温的路面温度,依照我国绝大多数地区的温度条件,试验温度为 60 ℃±1 ℃,但是实际试验中,可以根据工程所处的地理位置、气候条件选择其他温度进行试验。同样,对试验轮与试样的接触压强也可以根据交通量大小、重载车情况及路段的地理地貌位置选择压强大小进行配合比检验,接触压强具体选择多大根据需要确定。

2. 车辙试验试件必须是新拌混合料配制的,在现场取样时必须在尚未冷却时即制模,不允许将混合料冷却后再二次加热重塑制作,否则会影响试验结果。

3. 整个车辙试验机必须放在恒温室内。恒温室中必须有一定的空间用来养生试件,且必须有通风循环设备,使温度均匀,直至试验完成,否则会影响试验结果。

九、实训报告

提交实训报告 36。

实训报告 36　沥青混合料试件车辙试验记录

沥青记录：　　　　　　　　　　试验编号：

工程名称		施工标段	
施工单位		工程部位	
监理单位		试验仪器	
试验依据		试验日期	
沥青种类及牌号		沥青比重	
取样时间、地点		混合料类型	
沥青含量/%		沥青种类	
试件制作方法		试验温度/℃	
试件品密度/(g/cm³)		试验轮接地压/MPa	

试件次数	时间 t_1/min	时间 t_2/min	t_1 时变形量 d_1/mm	t_2 时变形量 d_2/mm	仪器类型修正系数	沥青混合料试件的动稳定/(次/mm)	
						单值	平均值
1							
2							
3							
标准差/(次/mm)				变异系数 C_v/%			

备注：

监理意见：

签名：
日期：

复核：　　　　　　　计算：　　　　　　　试验：

实训总结：

模块六　钢材原材检测

任务书

表 6-1　钢材原材检测任务书

任务	钢材原材检测	
教学场景	力学试验室	
任务背景	某工地新进一批钢筋，需取样对该批钢材原材检测，以判定其是否满足相应钢筋技术性质及标准。	
实训项目	实训一	金属材料室温拉伸试验
	实训二	金属弯曲试验
能力目标	1. 能进行钢筋试件制备； 2. 能完成钢筋的拉伸试验步骤及数据处理； 3. 能完成钢筋弯曲试验步骤及数据处理。	
实训要求	1. 6 人左右为一小组，确定组长； 2. 课前熟悉试验步骤、相关试验规程； 3. 在试验室完成试验仪器与材料准备工作，按试验步骤要求完成试验，并按要求填写记录试验数据，进行数据分析，完成试验报告。	
标准规程	《金属材料拉伸试验 第一部分 室温试验》(GB/T 228.1—2010) 《金属材料弯曲试验方法》(GB/T 232—2010)	
提交成果	要求填写原始记录表，并填写试验报告(实训报告 38)	

表 6-2　水泥检测项目及频率

材料品种	检测项目	检测频率	取样方法
钢筋原材	拉伸、冷弯	同厂家、同炉号、同级别、同规格、同截面、同一出厂时间每 60 t 为一验收批次，不足 60 t 按一批计算	取拉伸试样 2 根，长度不少于$(230+5d)$mm，取冷弯试样 2 根，长度不少于$(150+5d)$mm

实训一　金属材料室温拉伸试验
（GB/T 228.1—2010）

一、概述

钢筋的拉伸强度是钢筋的最基本强度值,同时也是钢筋的主要力学性质指标之一。通过拉伸试验测出钢筋的屈服强度是结构设计中钢材设计强度的取值依据,施工选材也以屈服强度作为重要的技术指标,而屈强比是反映钢材利用率和安全可靠度的一个指标,伸长率则是衡量钢材塑性大小的一个重要指标。

二、目的与适用范围

本方法规定金属室温拉伸试验方法,用以测定钢筋屈服强度、抗拉强度和伸长率等力学性能。

三、仪器设备

1. 拉力试验机:各种类型拉力试验机(图 6-1)均可使用。试验机应按照相应的标准进行检验,并应为 1 级或优于 1 级准确度。

图 6-1　拉力试验机

2. 引伸计:各种类型的引伸计均可用以测定试样的伸长。测定上屈服强度、下屈服强度、规定非比例延伸强度等的验证试验,应使用不劣于 1 级准确度的引伸计;测定其他具有较大延伸率的性能,如抗拉强度,断后伸长率等,应使用不劣于 2 级准确度的引伸计。

3. 其他。如金属直尺、游标卡尺、千分尺和两脚爪规、钢筋打点机或画线机等。

四、试验准备

1. 试样

(1)试样分为比例试样和非比例试样两种。试样原始标距与原始横截面积有 $L_0 =$

$K \sqrt{S_0}$ 关系者为比例试样。国际上的比例系数的值 K 为 5.65。原始标距应不小于 15 mm。当试样横截面面积太小时,比例系数可优先采用 11.3 或非比例试样。非比例试样的原始标距与其原始横截面面积无关。比例试样如图 6-2 所示。试样横截面可以为圆形、矩形、多边形或环形,特殊情况下可以为其他形状。

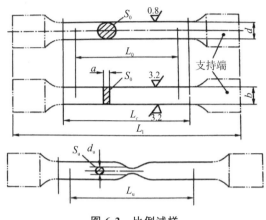

图 6-2 比例试样

(2)样坯的截取的部位、数量以及试样的纵轴方向(沿材料的纵向、横向、放射方向或切向方向)按有关标准、技术条件或双方协议之规定执行。由金属材料和制品中截取样坯时,一般应在切削机床上进行,必要时允许用烧割、冷剪或其他方法截取;必要时对样坯及未加工试样允许校直或校平,但在操作中必须保证不显著影响金属的性能。

2. 原始横截面面积(S_0)的测定

宜在试样平行长度中心区域以足够的点数测量试样的相关尺寸。原始横截面面积 S_0 是平均横截面面积,应根据测量的尺寸计算。

测量时建议按表 6-3 所示选用量具和测量装置。应根据测量的试件原始尺寸计算原始横截面面积。

表 6-3 量具或测量装置分辨率

试件横截面尺寸/cm²	分辨率,不大于	试件横截面尺寸/cm²	分辨率,不大于
0.1~0.5	0.001	>2.0~10.0	0.01
>0.5~2.9	0.005	>10.0	0.05

原始横截面面积的计算准确度依赖于试样本身特性和类型。下面给出了不同类型试样原始横截面面积 S_0 的评估方法,并提供了测量准确度的详细说明。

(1)厚度 0.1~3 mm 薄板和薄带使用的试样类型

原始横截面面积应根据试样的尺寸测量值计算得到。原始横截面面积的测定准确到±2%。当误差的主要部分是由试样厚度的测量所引起的时,宽度的测量误差不应超过 0.2%。为了减小试验结果的测量不确定度,建议原始横截面面积应准确至或优于±1%。对于薄片材料,需要采用特殊的测量技术。

(2)直径或厚度小于 4 mm 线材、棒材和型材使用的试样类型

原始横截面面积的测定准确到±1%。对于圆形横截面的产品,应在两个相互垂直方向

测量试样的直径,取其算术平均值计算横截面面积。可以根据测量的试样长度、试样质量和材料密度按式(6-1)确定其原始横截面面积:

$$S_0 = \frac{1000 \times m}{\rho \times L_t} \tag{6-1}$$

式中:m——试样质量,g;

$\quad\quad L_t$——试件总长度,mm;

$\quad\quad \rho$——试样材料密度,g/cm³。

(3)厚度等于或大于 3 mm 的板材和扁材以及直径或厚度等于或大于 4 mm 线材、棒材和型材使用的试样类型

对于圆形横截面和四面机加工的矩形横截面试样,如果试样的尺寸公差和形状公差均满足要求,可以用名义尺寸计算原始横截面面积。对于所有其他类型的试样,应根据测量的原始试样尺寸计算原始横截面面积 S_0,测量的每个尺寸应准确到±0.5%。

(4)管材使用的试样类型

试样原始横截面面积的测定应准确到±1%。管段试样、不带头的纵向或横向试样的原始横截面面积可以根据测量的试样长度、试样质量和材料密度按式(6-1)计算。

3. 原始标距(L_0)的标记

应用小标记、细划线或细墨线标记原始标距,但不得用引起过早断裂的缺口作标记。对于比例试样,应将原始标距的计算值修约至最接近 5 mm 的倍数,中间数值向较大一方修约。原始标距的标记应准确到±1%。如平行长度(L_c)比原始标距长许多,例如不经机加工的试样,可以标记一系列套叠的原始标距,有时可以在试样表面画一条平行于试样纵轴的线,并在此线上标记原始标距。

五、试验步骤

1. 上屈服强度(R_{eH})和下屈服强度(R_{eL})的测定

(1)上屈服强度是试样发生屈服而力首次下降前的最高应力;下屈服强度是在屈服期间,不计初始瞬时效应时的最低应力。呈现明显屈服(不连续屈服)现象的金属材料,相关产品标准应规定测定上屈服强度或下屈服强度或两者都测定。

对于上、下屈服强度位置判定的基本原则如下(图 6-3):

①屈服前的第 1 个峰值应力(第 1 个极大值应力)判为上屈服强度,不管其后的峰值应力比它大还是比它小。

②屈服阶段中如呈现两个或两个以上的谷值应力,舍去第 1 个谷值应力(第 1 个极值应力)不计,取其余谷值应力中之最小者判为下屈服强度。如只呈现 1 个下降谷,此谷值应力判为下屈服强度。

③屈服阶段中呈现屈服平台,平台应力判为下屈服强度;如呈现多个而且后者高于前者的屈服平台,判第 1 个平台应力为下屈服强度。

④正确的判定结果应是下屈服强度一定低于上屈服强度。

为提高试验效率,可以报告在上屈服强度之后延伸率为 0.25% 范围以内的最低应力为下屈服强度,不考虑任何初始瞬时效应。

注:此规定仅仅用于呈现明显屈服的材料和不测定屈服点延伸率的情况。

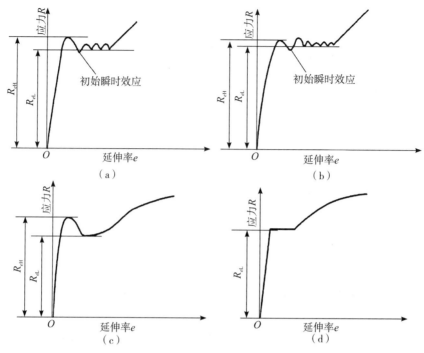

图 6-3　不同类型曲线的上屈服强度和下屈服强度

（2）图解法：试验时记录力-位移曲线。从曲线图中读取力首次下降前的最大力和不计初始瞬时效应时屈服阶段中的最小力或屈服平台的恒定力，将其分别除以试样原始横截面面积（S_0）得到上屈服强度和下屈服强度（图 6-3）。仲裁试验采用图解法。

（3）指针法：试验时，读取测力度盘指针首次回转前指示的最大力和不计初始瞬时效应时屈服阶段中指示的最小力或首次停止转动指示的恒定力，将其分别除以试样原始横截面面积（S_0）得到上屈服强度和下屈服强度。

（4）可以使用自动装置（如微处理机等）或自动测试系统测定上屈服强度和下屈服强度，可以不绘制拉伸曲线图。

2. 抗拉强度（R_m）的测定

（1）抗拉强度是相应最大力（F_m）的应力。按照定义可采用图解法或指针法测定。

（2）对于呈现明显屈服（不连续屈服）现象的金属材料，从记录的力-延伸曲线图或力-位移曲线图，或从测力度盘，读取过了屈服阶段之后的最大力（图 6-4）；对于无明显屈服（连续屈服）现象的金属材料，从记录的力-延伸曲线图或力-位移曲线图，或从测力度盘，读取试验过程中的最大力。最大力除以试样原始横截面面积（S_0）得到抗拉强度。

（3）可以使用自动装置（如微处理机等）或自动测试系统测定抗拉强度，可以不绘制拉伸曲线图。

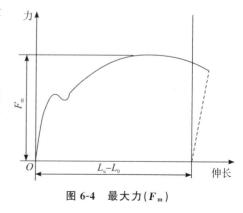

图 6-4　最大力（F_m）

3. 断后伸长率(A)的测定

(1)断后伸长率(A)是指断后标距的残余伸长(L_u-L_0)与原始标距(L_0)之比的百分率。按照定义测定断后伸长率。为了测定断后伸长率,应将试样断裂的部分仔细地配接在一起,使其轴线处于同一直线上,并采取特别措施确保试样断裂部分适当接触后测量试样断后标距。这对小横截面试样和低伸长率试样尤为重要。

应使用分辨力优于 0.1 mm 的量具或测量装置测定断后标距(L_u),准确到 ±0.25 mm。如规定的最小断后伸长率小于 5%,建议采用特殊方法进行测定。

原则上只有断裂处与最接近的标距标记的距离不小于原始标距的 1/3 情况方为有效。但若断后伸长率大于或等于规定值,则不管断裂位置处于何处,测量均为有效。

断后伸长率按式(6-2)计算:

$$A = \frac{L_u - L_0}{L_0} \times 100 \tag{6-2}$$

(2)移位法测定断后伸长率。当试样断裂处与最接近的标距标记的距离小于原始标距的 1/3 时,可以使用如下方法。试验前,原始标距(L_0)细分为 N 等份。试验后,以符号 X 表示断裂后试样短段的标距标记,以符号 Y 表示断裂试样长段的等分标记,此标记与断裂处的距离最接近于断裂处至标记 X 的距离。

如 X 与 Y 之间的分格数为 n,按如下方法测定断后伸长率。

如 $N-n$ 为偶数[图 6-5(a)],测量 X 与 Y 之间的距离和从 Y 至距离为 $0.5(N-n)$ 个分格的 Z 标记之间的距离,则断后伸长率按式(6-3)计算

$$A = \frac{XY + 2YZ - L_0}{L_0} \times 100 \tag{6-3}$$

如 $N-n$ 为奇数[图 6-5(b)],测量 X 与 Y 之间的距离和从 Y 至距离分别为 $0.5(N-n-1)$ 和 $0.5(N-n+1)$ 个分格的 Z' 和 Z'' 标记之间的距离,则断后伸长率为

$$A = \frac{XY + YZ' + YZ'' - L_0}{L_0} \times 100 \tag{6-4}$$

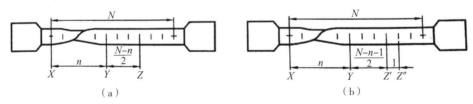

(a)　　　　　　　　　　　　　　　(b)

图 6-5　移位方法的图示说明

(3)引伸计测定断裂延伸的试验机,引伸计标距(L_0)应等于试样原始标距(L_0),无须标出试样原始标距的标记。以断裂时的总延伸作为伸长测量时,为了得到断后伸长率,应从总延伸中扣除弹性伸长部分。原则上,断裂发生在引伸计标距以内方为有效,但若断后伸长率等于或大于规定值,则不管断裂位置出于何处,测量均为有效。

注:如果产品标准规定用一固定标距测定断后伸长率,引伸计标距应等于这一标距。

六、性能测定结果数值的修约

试验测定的性能结果数值应按照相关产品标准的要求进行修约。如未规定具体要求,

应按照如下要求进行修约：

  (1)强度性能值修约至 1 MPa。

  (2)屈服点延伸率修约至 0.1％,其他延伸率和断后伸长率修约至 0.5％。

  (3)断面收缩率修约至 1％。

七、注意事项

  1. 应按标准规定的应力加荷速度、温度进行试验；

  2. 试件形状、尺寸应符合试验要求。

八、实训报告

  提交实训报告 37。

实训二　金属弯曲试验
（GB/T 232—2010）

一、概述

为使钢筋在加工成型时不发生脆断，要求钢筋具有一定冷弯性质。冷弯性质是钢筋在常温下承受弯曲变形的能力，是钢材最重要的工艺性质。钢筋试件置于冷弯机上弯曲值规定的角度，弯曲处不发生裂缝、裂断或起层，即认为钢筋的冷弯性质合格。钢筋弯曲试验及钢筋加工现场如图 6-6、图 6-7 所示。

图 6-6　钢筋弯曲试验

图 6-7　钢筋加工现场

二、目的与适用范围

本方法用以检验金属承受规定弯曲程度的弯曲变形性能，并显示其缺陷。但不适用于金属管材和金属焊接接头的弯曲试验。

三、仪器设备

应在配备下列弯曲装置之一的试验机或压力机上完成试验。

1. 支辊式弯曲装置（图 6-8）：支辊长度和弯曲压头的宽度应大于试样宽度或直径。弯曲压头的直径由产品标准规定。支辊和弯曲压头应具有足够的硬度。除非另有规定，支辊间距离 l 应按式（6-5）确定：

$$l = (d + 3a) \pm \frac{a}{2} \tag{6-5}$$

注：此距离在试验前期保持不变，对于 180° 弯曲试样，此距离会发生变化。

2. V 形模具式弯曲装置：模具的 V 形槽其角度应为 $180° - \alpha$（图 6-9），弯曲角度 α 应在相关产品标准中规定。模具的支承棱边应倒圆，其倒圆半径应为 1～10 倍试样厚度。模具和弯曲压头宽度应大于试样宽度或直径，并应具有足够的硬度。

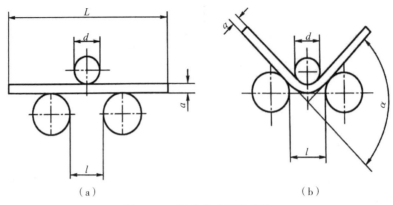

（a）   （b）

图 6-8   支辊式弯曲装置示意

3. 虎钳式弯曲装置：装置由虎钳及有足够硬度的弯曲压头组成（图 6-10），可以配置加力杠杆。弯曲压头直径应按照相关产品标准要求，弯曲压头宽度应大于试样宽度或直径。由于虎钳左端面的位置会影响测试结果，因此，虎钳的左端面（图 6-10）不能达到或者超过弯曲压头中心垂线。

4. 符合弯曲试验原理的其他弯曲装置（例如翻板式弯曲装置等，如图 6-11 所示）亦可使用。

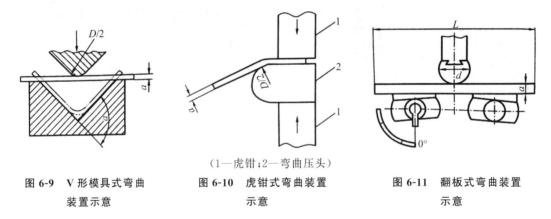

（1—虎钳；2—弯曲压头）

图 6-9   V 形模具式弯曲
装置示意

图 6-10   虎钳式弯曲装置
示意

图 6-11   翻板式弯曲装置
示意

四、试验准备

1. 试验使用圆形、方形、矩形或多边形横截面的试样。样坯的切取位置和方向应按照相关产品标准的要求，如未具体规定，对于钢产品，应按照《钢及钢产品力学性能试验取样位置及试样制备》（GB/T 2975—1998）的要求，试样应去除由于剪切或火焰切割或类似的操作而影响了材料性能的部分。如果试验结果不受影响，允许不去除试样受影响的部分。

2. 矩形试样的棱边。试样表面不得有划痕和损伤。方形、矩形和多边形横截面试样的棱边应倒圆，倒圆半径不能超过以下数值：

(1)1 mm（当试样厚度小于 10 mm 时）；

(2)1.5 mm（当试样厚度大于或等于 10 mm 且小于 50 mm 时）；

(3)3 mm（当试样厚度不小于 50 mm 时）。

棱边倒圆时不应形成影响试验结果的横向毛刺、伤痕或记痕。如果试验结果不受影响，允许试样的棱边不倒圆。

3. 试样的宽度。试样的宽度应按照相关产品标准的要求，如未具体规定，应按照以下要求：

(1)当产品宽度不大于 20 mm 时，试样宽度为原产品宽度。

(2)当产品宽度大于 20 mm 时：

当产品厚度小于 3 mm 时，试样宽度为 20 mm±5 mm；当产品厚度不小于 3 mm 时，试样宽度为 20～50 mm。

4. 试样的厚度。试样的厚度或直径应按照相关产品标准的要求，如未具体规定，应按照以下要求：

(1)对于板材、带材和型材，试样厚度应为原产品厚度。如果产品厚度大于 25 mm，试样厚度可以机加工减薄至不小于 25 mm，并保留一侧原表面。弯曲试验时，试样保留的原表面应位于受拉变形一侧。

(2)直径（圆形横截面）或内切圆直径（多边形横截面）不大于 30 mm 的产品，其试样横截面应为原产品的横截面。对于直径或多边形横截面内切圆直径超过 30 mm 但不大于 50 mm 的产品，可以将其机加工成横截面内切圆直径不小于 25 mm 的试样。直径或多边形横截面内切圆直径大于 50 mm 的产品，应将其机加工成横截面内切圆直径不小于 25 mm 的试样（图 6-12）。试验时，试样未经机加工的原表面应置于受拉变形的一侧。

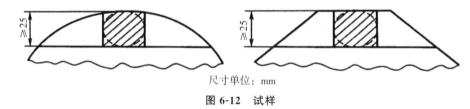

尺寸单位：mm

图 6-12 试样

5. 锻材、铸材和半成品的试样：对于锻材、铸材和半成品，其试样尺寸和形状应在交货要求或协议中规定。

6. 大厚度和大宽度试样：经协议，可以使用大于第 3 条规定宽度和第 4 条规定厚度的试样进行试验。

7. 试样的长度：试样长度应根据试样厚度（或直径）和所使用的试验设备规定。

五、试验步骤

特别提示：试验过程中应采取足够的安全措施和防护装置。

1. 试验一般在 10～35 ℃的室温条件下进行。对温度要求严格的试验，试验温度应为 23 ℃±5 ℃。

2. 按照相关产品标准规定，采用下列方法之一完成试验：

(1)试样在给定的条件和力作用下弯曲至规定的弯曲角度（图 6-13）；

(2)试样在力作用下弯曲至两臂相距规定距离且相互平行（图 6-14）；

(3)试样在力作用下弯曲至两臂直接接触（图 6-15）。

3. 试样弯曲至规定弯曲角度的试验，应将试样放于两支辊（图 6-8）或 V 形模具（图 6-9）

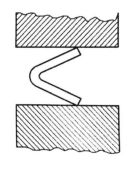

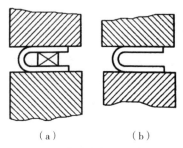

（a） （b）

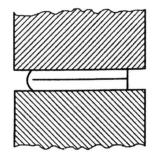

图 6-13 试样置于两平行 图 6-14 试样弯曲至两臂平行 图 6-15 试样弯曲至两臂
压板之间 直接接触

上,试样轴线应与弯曲压头轴线垂直,弯曲压头在两支座之间的中点处对试样连续施加力使其弯曲,直至达到规定的弯曲角度。弯曲角度 α 可以通过测量弯曲压头的位移计算得出。

可以采用图 6-10 所示的方法进行弯曲试验。试样一端固定,绕弯曲压头进行弯曲,可以绕过弯曲压头,直至达到规定的弯曲角度。

进行弯曲试验时,应当缓慢地施加弯曲力,以使材料能够自由地进行塑性变形。

当出现争议时,试验速率应为 1 mm/s±0.2 mm/s。

使用上述方法如不能直接达到规定的弯曲角度,可将试样置于两平行压板之间(图 6-13),连续施加力压其两端使进一步弯曲,直至达到规定的弯曲角度。

4. 试样弯曲至两臂相互平行的试验,首先对试样进行初步弯曲,然后将试样置于两平行压板之间(图 6-13),连续施加力压其两端使进一步弯曲,直至两臂平行(图 6-14)。试验时可以加也可不加内置垫块。垫块厚度等于规定的弯曲压头直径,除非产品标准中另有规定。

5. 试样弯曲至两臂直接接触的试验,首先对试样进行初步弯曲,然后将试样置于两平行压板之间,连续施加力压其两端使进一步弯曲,直至两臂直接接触(图 6-15)。

六、结果整理

1. 应按照相关产品标准的要求评定弯曲试验结果。如未规定具体要求,弯曲试验后不使用放大仪器观察,试样弯曲外表面无可见裂纹,应评定为合格。

2. 以相关产品标准规定的弯曲角度作为最小值;若规定弯曲压头直径,以规定的弯曲压头直径作为最大值。

七、注意事项

1. 试件形状、尺寸应符合试验要求。
2. 试件弯曲的角度和弯曲压头直径应按要求进行。
3. 应按标准规定的应力加荷速度进行试验。
4. 试验过程注意安全。

八、实训报告

提交实训报告 37。

实训报告 37　钢筋拉伸、弯曲试验记录

金属记录：　　　　　　　　　　　　试验编号：

工程名称			施工标段		
施工单位			工程部位		
监理单位			试验仪器		
试验依据			试验日期		
生产厂家			取样地点		
取样日期			进场日期		
牌号及规格			批号		代表数量/t	
试样编号			1	2	
试样尺寸	直径/mm				
	截面积/mm²				
拉伸强度/kN	屈服力				
	最大力				
强度/MPa	屈服强度				
	抗拉强度				
断后伸长率	原始标距/mm				
	断后标距/mm				
	断后伸长率/%				
冷弯	弯心直径/mm				
	弯曲角度/°				
	结果				
备注：			监理意见： 签名： 日期：		

复核：　　　　　　　　计算：　　　　　　　　试验：

实训总结：

实训报告 38 钢筋拉伸、弯曲试验报告

金属报告：   报告编号：

工程名称		施工标段		
施工单位		工程部位		
监理单位		试验仪器		
试验依据		报告日期		
生产厂家		取样地点		
取样日期		进场日期		
牌号及规格		批号	代表数量/t	
项目		技术要求	实测	
试样编号		—	1	2
拉伸试验	屈服强度/MPa	不小于		
	极限强度/MPa			
	伸长率/%			
	屈强比			
	实测下屈服强度与规定下屈服强度之比			
弯曲试验结果				
冷弯试验结果				
结论：				
备注：		监理意见： 签名： 日期：		

批准：   审核：   编制：

参考文献

[1]中华人民共和国行业标准.公路工程岩石试验规程(JTC E41—2005)[S].北京:人民交通出版社,2005.

[2]中华人民共和国行业标准.公路工程集料试验规程(JTC E42—2005)[S].北京:人民交通出版社,2005.

[3]中华人民共和国行业标准.公路工程水泥及水泥混凝土试验规程(JTG 3420—2020)[S].北京:人民交通出版社,2005.

[4]中华人民共和国行业标准.公路工程沥青及沥青混合料试验规程(JTG E20—2011)[S].北京:人民交通出版社,2011.

[5]中华人民共和国国家标准.金属材料拉伸试验 第 1 部分:室温试验方法(GB/T 228.1—2010)[S].北京:中国标准出版社,2010.

[6]中华人民共和国国家标准.金属材料弯曲试验方法(GB/T 232—2010)[S].北京:中国标准出版社,2010.

[7]姜志青.道路建筑材料[M].北京:人民交通出版社,2021.

[8]姜志青.道路建筑材料实训指导书[M].北京:人民交通出版社,2013.